为什么精英都是
动机控

[日]池田贵将◎著　郭　勇◎译

湖南文艺出版社
HUNAN LITERATURE AND ART PUBLISHING HOUSE

博集天卷
CS-BOOKY

图书在版编目（CIP）数据

为什么精英都是动机控 /（日）池田贵将著；郭勇
译 . — 长沙：湖南文艺出版社，2019.2
ISBN 978-7-5404-8921-2

Ⅰ.①为… Ⅱ.①池… ②郭… Ⅲ.①成功心理—关
系—动机—研究 Ⅳ.①B848.4②B842.6

中国版本图书馆 CIP 数据核字（2018）第 283584 号

著作权合同登记号：图字 18-2018-346

Original Japanese title: ZUKAI MOTIVATION DAIHYAKKA
Copyright © Takamasa Ikeda 2017
Original Japanese edition published by Sanctuary Publishing Inc.
Simplified Chinese translation rights arranged with Sanctuary Publishing Inc.
through The English Agency (Japan) Ltd. and Eric Yang Agency Inc.

上架建议：商业·成功励志

WEISHENME JINGYING DOU SHI DONGJIKONG
为什么精英都是动机控

著　　者：[日]池田贵将
译　　者：郭　勇
出 版 人：曾赛丰
责任编辑：薛　健　　刘诗哲
监　　制：蔡明菲　　邢越超
策划编辑：李彩萍
特约编辑：朱冰芝
版权支持：金　哲
营销支持：张锦涵　　傅婷婷　　文刀刀
版式设计：李　洁
封面设计：刘红刚
出版发行：湖南文艺出版社
　　　　　（长沙市雨花区东二环一段 508 号　邮编：410014）
网　　址：www.hnwy.net
印　　刷：三河市中晟雅豪印务有限公司
经　　销：新华书店
开　　本：880mm×1230mm　1/32
字　　数：176 千字
印　　张：8
版　　次：2019 年 2 月第 1 版
印　　次：2019 年 2 月第 1 次印刷
书　　号：ISBN 978-7-5404-8921-2
定　　价：45.00 元

若有质量问题，请致电质量监督电话：010-59096394
团购电话：010-59320018

我们每个人心中都有想法。

而且，我们会根据自己的想法

采取行动。

但是，还有一种东西不同于我们心中的想法，它也在驱使我们行动。那便是**"动机"**！

动机，到底是什么东西？

这本书将带大家一起去探寻"动机"的本质。

为了将研究人员通过实验证明的人类心理和行为模式以更加浅显易懂的方式呈现在读者朋友面前，我将其中的要点以图解的方式表现出来，并加入了我自己独特的解说。

所谓"动机"，就是在看不见的地方，驱使我们采取行动的一种力量。

它不知道在什么地方产生，以看不见摸不着的形式驱使我们行动，又不知不觉地消失。

但是，动机又不像云那样自由，它会按照一定的法则对我们产生作用。

吊儿郎当的自己、顽固的上司、不听话的部下、忽三忽四的
顾客……

他们为什么不这么做？

或者说，他们为什么要那么做？

这类看似无解的问题，只要我们能了解支配动机运转的法则，就
可以恍然大悟，解答那些问题，也不再是什么难事。

不仅如此，我想做什么？我想去哪儿？我想和什么样的人过一
辈子？

人生中发生的大多数事情，都由"动机"决定。

只要有了干劲，什么事情都能做成。

确实如此。

以后的人生会怎样？

其实这个问题的答案，在于你日后如何和"动机"这个东西打交道。

所以才有趣。

我曾着迷于解开"动机"的秘密，自从我学习了世界顶级潜能激励大师安东尼·罗宾的思想之后，就翻阅了大量有关"动机"的古今中外的著作、文献，然后，我开始把我所了解的"动机"法则，一点一点地传播给世人。

在我关于"动机"的讲座中，听众不仅有商务人士，还有飞行员、职业拳击手、画家、健身中心的教练、工厂厂长、牙科医生、幼儿园园长、律师、按摩师、声优、星探、风水师、作家、家庭主妇、高中生……

如此广泛的人群对"动机"这种东西这么关心，说明大家已经意识到了，不管是谁、在哪里、做什么，只有把握住"动机"这个关键，才能顺利做好一切。

希望您了解人类感情与行为的原理。

然后，在与人交往、与自己对话的过程中，能有更加丰富多彩的收获。

这本书如果能够帮助您打破现实的僵局，我将感到万分欣慰。

目 录
Contents

CHAPTER 1
第 **1** 章　行动更有劲　MOTIVATION

1

Contents

CHAPTER 2

第 **2** 章 带人更轻松 HUMAN RESOURCE DEVELOPMENT

CHAPTER 3

第 **3** 章　达标更快速　**GOAL SETTING**

Contents

CHAPTER 4

第 **4** 章　决策更精准　DECISION MAKING

Contents

CHAPTER 6

第 **6** 章　工作更专注　SELF MANAGEMENT

Contents

CHAPTER 7

第 **7** 章　思考更周密　IDEA CONVERSION

MOTIVATION IS
EVERYTHING

为什么精英都是动机控

CHAPTER 1

第 1 章

行动更有劲

MOTIVATION

01 目标梯度效应
IT'S GOAL SOON

让人感觉目标已接近

某家咖啡馆用优惠卡做了一个实验。

A 型优惠卡

顾客喝 10 杯咖啡，可以享受第
10 杯免费的优惠。

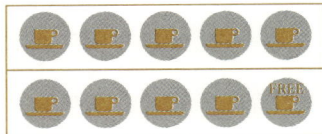

B 型优惠卡

顾客喝 12 杯咖啡，可以享
受第 12 杯免费的优惠。但
是在优惠卡上，将前 2 杯
盖上印章，标记为已喝过。

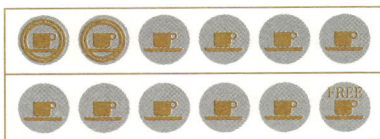

结果

与得到 A 型优惠卡的人相比，得到 B 型优惠卡的人享受到最后一
杯免费咖啡的人要多得多。

（参考：哥伦比亚大学商学院的研究）

**也就是说，只要让人知道，他现在有多么接近目标，他的动机就
更强。**

心理学家克拉克·赫尔曾经设计了一项著名的实验。他将老鼠放进一个迷宫中，在迷宫出口处放置了老鼠喜欢的食物。结果会怎样呢？

结果，克拉克·赫尔发现，越是接近出口，老鼠跑得越快。

也就是说，**越接近目标，老鼠的动机越强**。而前面讲的咖啡馆优惠卡实验，则证明了这个原理也适用于我们人类。

只要提示了目标在哪里，我们就会时时意识到"自己与目标之间的距离"。但是，即便是相同的距离，只要稍微改变一下表述方式，人们去实现目标的动机就会随之改变。

就拿咖啡馆优惠卡实验来说，其实 A、B 两种类型的优惠卡实质上是一样的，都是喝到 10 杯时，第 10 杯免费。B 型优惠卡虽然看起来要喝 12 杯才行，但已经确认了 2 杯，让顾客感觉已经完成了"六分之一"，距离目标已经近了一步。所以继续喝下去的动机就相对更强一些。

其实，我们持续做一件事情是比较困难的。但也有另一种习性，就是**当我们看到目标不远时，就停下不来了**。在咖啡馆优惠卡实验中，随着优惠卡上已剩咖啡的数量一杯一杯减少，距离目标越来越近，受验顾客就会继续来店里，而且频率越来越高。

那么，在商务工作中该怎么应用这个心理效应呢？如果让人感觉距离目标还很远，就难以提起干劲。但如果把目光放在已经完成的部分上，意识到距离目标已经不远了，人就能继续努力，还会加快脚步。最终取得成功的概率大大提高。

> **不要想"还远着呢"，应该想"已经不远了"。**

02 糖果的效果
CANDY'S EFFECT

小礼物的作用

把虚构的患者病历给经验丰富的医生看，请他们进行诊断。

对 A 组医生

诊断前，不对他们进行任何干涉。

对 B 组医生

诊断前，请他们阅读医疗方面的文章。

对 C 组医生

诊断前，给他们一块糖。（诊断前暂时不让医生吃，因为吃糖会影响血糖值。）

结果

与 A、B 两组医生相比，C 组医生的诊断速度要快一倍，而且正确率更高。

[参考：肖恩·埃科尔（《幸福原动力》的作者——译者注）介绍的 3 位心理学家的实验]

也就是说，先让心情愉悦起来，再去工作的话，工作效率就会更高，出错率也会下降。

大家都知道，为了让别人为自己办事，给点小费或土特产是非常有效的方法。

但是，给多少合适呢？根据工作的难易度、耗时长短，行情也会有所不同吧。

在社会中打拼了一段时间，积累了一定社会经验的人，肯定都会因上述问题烦恼过。

但是，如果我告诉您"一块糖"就能解决，您相信吗？如果我说的是真的，是不是帮您减少很多烦恼呢？

肯定有很多朋友认为我在一本正经地胡说八道。但实际上，**即使是成年人，如果得到一块糖，真能提高工作效率和准确率**。这是用科学实验证明了的。

哪怕只有一点点"好心情"，也会把整体工作向良好的方向引导。得到小小好处的人，可能他自己都意识不到，对待工作的态度已经变得很积极了。

所以，我们每天早晨来到公司该做的第一件事不是确定今天的工作计划，也不是翻阅昨天积累的文件，而是想办法**提高团队成员的"情绪"**。

可以表扬一下团队成员最近的小成绩，传达一些好消息，分享一点好吃的，让大家在工作之前有个好心情。

对周围人亲切一些，哪怕只是一丁点的付出，也会让我们自己获得愉悦的心情。开始工作之前，先花点时间让自己和伙伴高兴起来，工作起来就可以事半功倍，出错率还低。

头天晚上思考一下：明天一早给团队成员准备什么礼物呢？

03 消费预期
PLEASURE OF THE FUTURE

预定报酬

实验人员请参加实验的人为自己的幸福度打分。结果发现，受验者只是为自己制订一个"旅行计划"，就可以提高心中的幸福度。

但是，这种喜悦的心情平均只能维持 8 周时间。

而且，旅行结束之后，人的幸福度又会回归到平常的水平。

实际去旅行，把幸福度推向顶点之后，这个幸福感最多也只能维持两周时间。

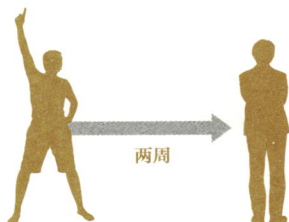

两周

（参考：荷兰布雷达应用科技大学　杰兰·纳文团队的研究）

也就是说，消费预期（奖励）可以让人感到幸福。但是，有效期只限于"制订计划"的阶段，真正实现后，效果反而就降低乃至消失了。

您每天为了什么而努力工作、学习？

为了体验实现目标的成就感？为了下班后的一杯啤酒？为了看到等待自己回家的家人的笑容？

每天思考一下该给自己什么样的"报酬"，不仅仅对于工作的成就感，对于整个人生的幸福感也有很大的帮助。

特别是自己的干劲（动机）在短期内有所下降的时候，就更需要给自己准备一些"新的报酬"。

比如，奖励自己吃好吃的食物，为自己买个喜欢的东西，制订一个旅行计划等。这样做可以帮我们调节低下的动机。

像上述这种**一次性的报酬（奖励），从预定的那一瞬间开始，人的动机就会高涨起来。而且，这股动机会一直保持到"报酬兑现"**。

动机会一直持续到报酬兑现。那么，有人肯定会想，那把报酬兑现的时间尽量往遥远的未来设定不就行了吗？不就可以让动机保持更久吗？

其实不然，消费预期所带来的动机，平均只能保持 8 周时间。

从这一点来看，我们**把兑现报酬的时间点设定在两个月之后**，应该是提升动机最有效的做法。

经过努力实现目标之后，再去思考给自己什么样的奖励，为时已晚。而且，事后再奖励，并没有把奖励的效果发挥到最大。所以，我们应该在努力之前，就给自己设置好奖励，对获得奖励的期许，可以让我们怀着幸福感投入工作之中。

每隔两个月，就给自己设置一个奖励。

04 自问的力量
POWER OF QUESTION

向自己提出问题

请参加实验的人做排列字母的游戏。

※ 排列字母游戏，就是把一个单词中的字母打乱，重新排列得到新单词。

在游戏开始前 1 分钟，让不同组的受验者做不同的事情。

让 A 组受验者

对自己说："我能行！"

让 B 组受验者

自己问自己："我能行吗？"

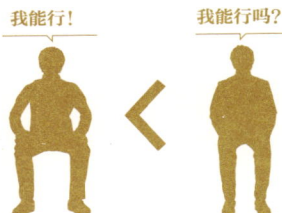

我能行！　　　我能行吗？

结果

与 A 组受验者相比，B 组受验者平均多做出 50% 的题目。

（参考：伊利诺伊大学　易卜拉欣·西奈团队的实验）

也就是说，与肯定的方式相比，对自己提出疑问的方式，更有助于激发自己的干劲。

　　不管是谁，接到命令，必须按照指示去做的时候，心里多多少少都会产生一些不情愿的情绪。

　　"拜托你啦！"即使对方用这种恳求的语气让我们去做一件事情，我们心中也难免会产生抗拒的心理。

　　但是，如果对方用"能请求你做××事吗？"我们就没有拒绝的余地了。

　　这样的方式，**让我们的选项只剩一个了，那就是"好的，我去做"。**

　　非常有趣的是，这个法则不仅适用于对待别人，还适用于对待自己。

　　在我们的头脑中，如果想"好！我去做××事"或"现在就开始做××事"，可能会让自己鼓起干劲。但是，**如果在做一件事情之前，问自己："我能做好吗？""现在可以开始吗？"结果更容易激发出自己的干劲。**这个窍门以前您可能没听说过吧。

　　在日本，很多人会比较在意周围人的感受。对自己却比较严格，常会在心里对自己厉声地说："赶快去做那件事！""这个应该做！那个也应该做！"

　　这样一来，不仅会让自己的内心非常疲惫，还会让做事情的动机逐渐降低，甚至彻底消失。

　　所以，我建议大家，在准备开始一项工作之前，您应该更加关怀一下自己，温柔地问问自己："我能做好吗？""如果觉得太难不做也没关系，但要不要试试看呢？"如此温柔地对待自己，可以极大地激发自己的干劲。然后，再把"能做好"的理由逐一列出来写在纸上。最后，往往能够顺利地完成工作。

> **对于自己能做好，但是不太想做的事情，可以先问问自己"要不要做呢"。**

05 心态
MY ACTION GUIDELINES

将价值观与行为结合起来

在学生寒假期间，研究者给他们布置了写日记的作业。

A 组学生

让他们在日记中写"自己现在最珍惜的事物是什么？""为了这个价值观，你将采取什么行动？"

重要事物的例子：挑战、伙伴、好奇心、感恩、忍耐、关怀、家人、健康、大自然、冒险、宠物、休息、政治、运动、自由、快乐、祝福、发现、艺术、音乐活动、娱乐、热情、放松、珍惜自己、学习……

B 组学生

只记录当天发生的好事、开心事。

结果

与 B 组学生相比，A 组学生无论健康状态还是精神状态，都更好一些。即使是麻烦的事情、需要忍耐的事情，A 组学生因为有价值观做心理支撑，也不会产生过多的心理压力。

（参考：斯坦福大学的实验）

也就是说，当人想到自己的价值观时，就能更加自信，对周围的人也充满关怀，心怀感恩。

我们首先要想明白"自己现在最珍惜的事情"是什么。

然后，为了"自己现在最珍惜的事情"，具体该怎么行动？把这些写在日记里。

仅仅是这样做，平时令人感觉麻烦的事情，也会在心里变成有意义的事情。

"做，还是不做？"或者"该选哪一个呢？"当人难以决断而纠结不已的时候，人常会误以为自己是为"选 A"还是"选 B"而迷茫。但实际上，**人难以决断的既不是 A，也不是 B，而是自己的价值观。**

如果能明确"自己现在最珍惜的事情"，并把它作为自己的行动指南，那么，自己所有的行动都变得有意义了，做决断的时候也不会再犹豫和迷惘。

所以，我们应该经常思考"自己现在最珍惜的事情"是什么。而且，为了提醒自己时常想起这个问题，应该把它写在便笺上，贴在书桌上、电脑显示器边、床头等醒目的地方。

不过，像"工作的成果""客户的评价"等自己难以控制的事情，不适合作为自己的行动指南。因为结果、评价可能有好有坏，这样的起伏将会对我们的日常行为造成不良影响。行动指南，应该选那些萌生于内心深处的想法。

把自己最珍惜的事物写出来，并把行为与这个价值观结合起来。

06 激发内在动机
ENDOGENOUS MOTIVATION

奖励要一以贯之

给幼儿园的孩子水彩笔，让他们画画。

对 A 组的孩子

事先告诉他们："画得好的话，就有奖励哟！"然后等他们画完，真的给予他们奖励。

对 B 组的孩子

先不告诉他们画完画有奖励的事情，等他们画完，给予他们奖励。

对 C 组的孩子

没有任何奖励。

结果

A 组的孩子比其他两组孩子画的时间更长。

但几周之后……
让同样这群孩子再玩画画游戏。

结果

B 组和 C 组的孩子可以和上次一样，乖乖地画画。
但 A 组的孩子对画画已经失去了兴趣。
※ 但如果许诺 A 组的孩子有意外的奖励，他们依然会像上次一样画画。

（参考：心理学家理查德·E.尼斯贝特团队的实验）

也就是说，对于主动性的行为，如果给予奖励的话，反倒会挫伤人的内在动机。

不是为了获得金钱或物品，不是担心不做会被责骂，也不是为了获得谁的赞赏，我们在做一些事情的时候，完全是出于自己的欲求。比如，跑步、做瑜伽、遛狗、DIY、裁缝、看体育比赛、制作很难的蛋糕、坐地铁考察每一个车站、整理自家庭院、练习弹吉他、为偶像呐喊助威、手机收藏……我们在做这些事情的时候，只是单纯地出于"只是我想做"——内心的一种欲求。做这样的事情，对于丰富我们的人生，让我们感到更幸福具有非常重要的意义。

这样的活动，没有任何回报，看起来也没有任何生产性。

当我们做自己想做的事情时，一旦某一次得到报酬，做这件事的目的就会发生改变。也许我们自己根本意识不到，但原本"只是我想做"就会变成"为了获得报酬而做"。以前，做这件事情的时候，不会期待任何报酬，可一旦得到一次报酬，下次如果没有报酬的话，人做事的意愿就会迅速大大降低。

放在工作中也是同样的道理。如果"一项工作没什么意思"的话，那么为工作者准备一定的报酬，是可以在一定程度上激发他们的干劲的。但如果**"一项工作本来就很有趣"的话，那我们就不应该再给工作者许诺报酬，只做个旁观者看他们去做就好了**。因为喜欢或想做而做的话，不用外加任何报酬或奖励，人就会努力去做，还会在做的过程中不断提高自身的能力。

在给予报酬的时候，最好能给人出乎意料的惊喜。

07 细分战略
HOW TO DO WHAT I WANT TO DO？

增减动作数量

研究人员设计了一项试吃实验。

研究人员给每位受验者一盒曲奇饼，每盒装有 24 块。

A 组受验者得到的盒子里

装了 24 块没有单独包装的曲奇饼。

B 组受验者得到的盒子里

所装的 24 块曲奇饼都进行了单独包装。

结果

A 组受验者

平均只用 6 天时间就把 24 块曲奇饼都吃光了。

B 组受验者

平均用了 24 天才把 24 块曲奇饼都吃光。

（参考：行为经济学家迪利普·索曼和奥马尔·奇玛的实验）

也就是说，减少必要动作的数量，可以使人行动加快。增加必要动作的数量，则可使人行动变慢。

现在是智能手机普及的年代，很多人只要一有时间就掏出手机来看微博、微信等社交媒体或短信。为什么会这样呢？因为智能手机很方便，只要点几下屏幕就可以完成操作了。

我们会在无意识之间，选择动作数量比较少的行为。所以，只要我们能够有意识地增加或减少一些行为所必需的动作数量，就可以有效控制自己的生活，让生活变得更加丰富多彩。

拿我自己来说，为了不让自己成为智能手机的"俘虏"，我一般都会把手机放在提包最下层、最不好拿的地方。有的时候，即使想起要看看微博、微信，但一想到拿出手机很费事，也就作罢了。

另一方面，有些需要我们积极去做的事情，可以想办法减少动作的数量。比如，我想第二天早晨出去跑步的话，就会穿着跑步短裤、背心睡觉。我想读书的话，就会只带上书和钱包出门，找离家最近的咖啡馆去读书。

我有个朋友，他每次收拾东西的时候，都会先自问好几次："收到哪里，才能最快找到呢？**像他这样的"收拾达人"，已经不单单是收拾东西了，他还会在收拾东西的时候，有意识地减少日后找到这样东西的动作数量。**

有的时候，有意增加"动作数量"也是有必要的。比如，减肥的人，可以把食物一个一个地单独包装起来，可以减少进食量；不用电饭锅，用铁锅以传统方法蒸米饭，在享受更纯正的米香之余，还能体验更多的生活乐趣；拿起笔来给朋友写封信，虽然麻烦，但更能表达自己的心意。

> **想做的事情，就减少动作的数量；**
> **不想做的事情，则增加动作的数量。**

08 同步状态
LET'S SYNCHRONIZE WITH YOU

先协调步伐，再展开工作

研究人员把受验者分成 3 组，让他们在不同的条件下听加拿大国歌《噢！加拿大》。

A 组受验者

让他们在听歌曲的同时，心中默念歌词。

B 组受验者

让他们在听歌曲的同时，一起大声唱出来。

C 组受验者

每个人都戴着耳机单独听，而且，虽然大家听的都是加拿大国歌，但每人听的歌曲节奏都不同。

听完歌曲后，告诉所有受验者，参加实验是有报酬的。但是，是让自己小组中的一个人独占报酬，还是小组成员平均分，让受验者进行选择。

结果

A 组和 C 组受验者的意见比较分散，无法统一。
但 B 组受验者的意见相对统一，倾向于平均分配报酬。

（参考：斯坦福大学　斯科特·维尔特马斯团队的实验）

也就是说，当一群人采取同步行动的时候，容易协调彼此之间的关系。

有些朋友不太习惯职场中的团体活动。

比如，职场同事聚餐大家举杯同饮的时候，有些人就会感到害羞、不好意思。而且，日本人中怀有这种想法的人不在少数。

但是，如果当您了解了前一页的实验之后，也许就可以稍微改变对团体活动的看法。有些朋友以前认为"团体活动会剥夺个人的主体性，让人不自在"，但看了前一页的实验后，您也许会意识到团体活动的好处。

也就是说，**一旦大家都采取同样的行动，不管他们之间性格合不合，在随后的工作中都容易建立起协调合作的关系。**

我们来看看团体竞技项目的运动员，教练都会非常重视整个团队一起训练，比如一起跑步、一起做放松拉伸运动。在平时训练中以及临赛前，大家"共同训练"，绝对有助于比赛中团队成员之间的合作，以发挥出更高的竞技水平。

工作中也是同样的道理。与各自为战相比，在正式开展工作前，应该把全体团队成员召集在一起，共同做同样的事情。然后再各自奔赴自己的岗位，这样的工作效率更高，彼此的协作也更融洽。

我在正式开展工作之前，都会把自己的团队成员召集到一起，拜一拜无处不在的"办公室之神""经营之神"或者"演讲之神"。我会让大家双手合十，对着看不见的神灵齐声说一句："今天还请神灵多多关照！"我相信世界存在看不见的力量。但是，我这样做，与相信神灵相比，更重要的是相信大家共同行动可以带来更大的利益。

在开展工作之前，大家一起做同样的事情。

09 课题的妥当性
IS THE HURDLE HIGH OR LOW？

对传言要多加小心

"A 只要完成一个课题，就可以获得 50 美元。"
但出题的人，是 B。

A 模式

事前悄悄向 B 传播一种流言：
"A 好像很敬重您。"

听说 A 很敬重您。

B

B 模式

事前悄悄向 B 传播一种流言：
"A 好像看不起您。"

听说 A 有点看不起您。

B

（参考：北卡罗来纳大学　阿里森·弗拉凯尔的实验）

结果

与 A 模式相比，在 B 模式中，B 选择难度较大课题的概率是其 2 倍。

请说说你感觉有意思的事。

B　　A

结果，B 提出的课题一般是

"说说你感觉有意思的事"

"把你昨天遇到的事情写在纸上"

等比较简单的问题。

学 3 次狗叫！

B　　A

结果，B 提出的课题一般是

"学 3 次狗叫！"

"从 500 往回倒数，每隔 7 个数数一次！"等比较困难的问题。

也就是说，恶意会使课题难度升高，敬意会使课题难度降低。

在背后议论别人，不管好的还是坏的，最终都会反弹到自己身上。

自己经常在背后批评别人的话，那么，不知何时何地，何人也会在背后批评我们。反之，如果经常赞美别人的话，那么别人也会在背后赞美我们。而且，别人对我们的批评或赞美，都会以滚雪球的方式增长。

所以，尽量不要在背后评论别人的缺点，即使是违心的恭维或有意的巴结，也要在背后说别人的好话。

可能有人不喜欢别人当面赞美自己，但绝对没有人会讨厌别人在背后赞美自己。

被背后赞美的人，当赞美之词通过第三者的嘴传到他们耳朵里的时候，他们心中会一厢情愿地增加对赞美者的好感。

另外，不在背后批评任何人这一点我们相对容易做到，但对于别人在背后批评自己，也要做到充耳不闻，做到这一点其实有一定的难度。

听说别人在背后说我们的坏话，不管我们多生气，也无法消除那些坏话的影响。去争辩、反驳的话，也只能是浪费自己的能量。

当然，**在相对固定的人际关系中，别人的一言一行，都有可能打乱我们的情绪**。但是，在这样的环境中，有一种心境可以拯救我们，那就是只看别人的优点、只看别人值得尊敬的地方、只看可爱的地方，说话的时候，也尽量带着正能量多说溢美之词。

您可以在平时留意一下自己评价周围人时所说的话，然后**看看自己所说的话会不会像镜子一样反射回来？看看您是能获得别人帮助自己的力量，还是得到背后下绊子、拖后腿的力量？总之，自己评价别人的话，都会影响自己的"运气"**。

> **从自己的嘴里只流出溢美之词，和批评、诋毁保持距离。**

10 证明型与学习型
COMPARE WITH MYSELF

和自己做比较

研究人员将参加实验的中学生分成两组,然后让他们参加考试。

告诉 A 组的中学生

"我们将比较你与其他同学的成绩。"

告诉 B 组的中学生

"我们将按照你与自己相比成绩提升的程度,进行评价。"

然后询问中学生对考试的态度。

A 组中学生回答

"我想显示我的能力""我想减少出错"等。

B 组中学生回答

"我要锻炼自己的头脑""我想提高自己解决问题的能力"等。

结果

经过反复多次的考试,B 组中学生的成绩有了大幅度提升,而且他们大多感觉考试很快乐,没有压力。

(参考:心理学家露丝·巴特勒的实验)

　　也就是说，自己与自己比较，人更容易付出努力。和别人比较则难以产生持久的动机。

　　"为了让客户高兴""为了让上司安心地把任务交给自己""为了成为公司内最强的员工"，类似这种把客观理由（别人怎么看自己）作为工作目的的话，人渐渐地会变得八面玲珑，可能成为社交高手，还可能会沦落为只会察言观色、奴颜婢膝的人，从而丧失自我。而且，当自己的工作成绩得到别人好评的时候，人的干劲会爆棚，还能继续努力做出更好的成绩。但是，这种状态持续一段时间后，就会迎来一个瓶颈期，人工作的动机无论如何也难以提升了。因为即使人想靠自己的力量来控制"客观的理由"，也不可能做到。于是就会满足于"只要别人对自己的评价不降低就行"的水平。

　　如果我们能够把"制造出更好的产品""提高自己解决问题的能力""为顾客提供更好的服务"等"主观理由"作为工作目的的话，就能长期、稳定地保持较强的工作动机。人和以前的自己比较，就会不断努力提高自己，工作变得有价值，工作中也不容易积累精神压力。

　　由此可见，想要短期内提高工作动机的时候，采取"和周围人竞争"的方式也许能够见效。但把"自己的进步"作为努力的目标，工作就会变得更加轻松有趣，还能长期持续地做出更好的成绩。

> 把"我和以前的自己相比，有没有进步"作为评价自己的标准。

心怀"6种需求"，理解别人的行为

人的行为不同，行为背后的理由也因人而异。

所以，如果只是根据自己的理由，去理解或影响别人的行为，肯定难以取得理想的效果。

人的想法各不相同，兴趣爱好也大相径庭，世界观、价值观更是难以统一。不过，我的恩师安东尼·罗宾曾经教诲我们："驱使人行动的理由虽然表面上看起来林林总总，但深入挖掘的话，也不过6种需求而已。"我们就是根据这6种需求来决定自己要干什么、不干什么的。

需求1——安定感：就是想和以前过同样生活的需求。这是我们生活下去所必需的欲求，但是，如果追求安定感的欲求过于强烈的话，就容易出现控制他人的倾向。

需求2——变化（不安定感）：人还有寻求不同于以往体验的需求。这种需求是改变现状所不可或缺的，但过于追求变化的话，有可能让自己的生命陷入危险之中。

需求3——重要感：人想让自己在别人心目中是一个特殊的存在。有的人通过赢得竞争来满足自己的这个需求，有的人通过否定别人来满足自己的这个需求。

需求4——联系：人想和周围的人有"一体感"，渴望得到别人的爱。通过和别人保持一致或营造良好的家庭环境来得到满足。

我们每一个人都或多或少地抱有上述4种需求。基本上来说，满足这4种需求，就是我们人生的基本动机。

另外，我们还有其他两种需求。

需求 5——成长：提升自己的需求。

需求 6——贡献：对别人有帮助的需求。

如果把前 4 种需求看作基本需求，那么后两种需求就是更高层次的需求。后两种需求得到满足时，我们内心可以感受到深层次的喜悦。但是，后两种需求和"需求 3——重要感"容易被人搞混。二者的区别在于，如果您做的事情需要得到别人的认可，或者事后会向别人"炫耀"，那便属于重要感。而成长需求和贡献需求则不同，为满足这两种需求的努力，即使不被人知，我们也会心甘情愿地去做。

我们任何人都有上述 6 种需求，但每个人对每种需求的渴求程度是不同的，我们都在积极地满足自己这些需求而生活。

所以，我们在和别人交往的时候，如果能敏锐地捕捉到对方哪种需求最强烈，就可以"投其所好"地去满足他，从而让交往变得更顺利。如果您留意一下电视、报纸上的广告，推销员的说话技巧，政治家的街头演讲，您就会发现他们都会聪明地抓到观众或听众某些方面的需求。

所以，学习无处不在。如果您能从上述能够打动大众的"表演"中学到抓人内心需求的技巧，那么您在说话、办事的过程中自然就能表现得更加得体，更能打动别人。

11 亲近效应
INFLUENCE OF THE PLACE

推荐给别人的东西应该放在最右边

研究人员把 A、B、C、D 4 双丝袜并排摆放在桌子上。

然后让参加实验的人按照 A、B、C、D 的顺序依次检查这些丝袜，让受验者根据这些丝袜的质感、耐久性等因素，选出他们认为最好的丝袜。

结果

受验者评价最高的丝袜是最右边的 D，然后依次是 C、B、A。

认为 D 最好的人数，比认为 A 最好的人数多 4 倍。

受验者好评的理由有伸缩性强、舒适度高、光泽感好、纺织方法先进等。

但实际上，那 4 双丝袜是一模一样的东西。

不管品牌、款式、颜色、材质等，都完全一样。

（参考：理查德·E. 尼斯贝特和提姆·威尔逊的实验）

也就是说，**放在右边的东西，容易让人感觉更好、更重要。**

我们看东西或者读书的时候，视线一般都是从左向右移动，所以，最右侧的东西或文字，是最后留在我们记忆中的。而我们人类有一种习性，就是倾向于认为最新进入记忆的东西是更好的、更重要的。

罚金与报酬 12 Chapter 1
PENALTY MOVES PEOPLE

与奖励相比，惩罚更有效

研究人员在小学生开始考试之前，将他们分组。

对 A 组小学生：先给他们每人 20 美元。然后说："如果谁考试成绩比上次下降了，我们就将收回 20 美元作为惩罚。"

对 B 组小学生："如果谁考试成绩比上次提高了，考试后我们马上就奖给他 20 美元。"

对 C 组小学生："如果谁考试成绩比上次提高了，考试后我们就奖给他 20 美元，但要在一个月后发这笔钱。"

对 D 组小学生："如果谁考试成绩比上次提高了，考试后我们就奖给他一座奖杯（价值 3 美元左右）。"

对 E 组小学生：不许诺任何奖励或惩罚，只是鼓励他们说："加油哟！一定要比上次考得好！"

结果

试卷满分为 100 分，全体参加实验的小学生的成绩平均提高了 5—10 分。
A 组的成绩远比 B 组提高得更多。
C 组小学生的成绩没有明显提高。
D 组，二年级、三年级、四年级这三个年级段的学生的平均成绩提高了 12%。

（参考：尤里·格尼茨和约翰·A. 李斯特的实验）

也就是说，"失败之后有惩罚"比"成功之后有奖励"更能激发人的动力。

因为我们宁愿不"得到新东西"，也不想"失去现有的东西"。基本上说，我们在生活中更倾向于追求稳定，也就是维持现状。

13 学习动机
IT'S UP TO YOU

让对方自发去做

研究人员让参加实验的人做一个堪称无聊至极的游戏，让他们盯着电脑屏幕上出现的一个小光点看，一直盯着，仅此而已。

对 A 组受验者 研究人员跟他们解释这样做的理由是："这是一个提高专注力的实验，和航空管制官的训练是一样的。"

对 B 组受验者 研究人员对受验者表示同情，说："你肯定不想做这么无聊的实验吧。"

对 C 组受验者 研究人员让受验者自己选择："做不做都可以，你自己决定。"

对 D 组受验者 什么也不说，只让他们做。

结果

A、B、C 组受验者的自发性都比 D 组高。

（参考：心理学家爱德华·L. 德西的实验）

也就是说，当我们理解、贴近别人的心情时，就更容易驱使对方做事情。

激发对方产生"我想做""我必须做"的动力时，有 3 个基本战略，分别是"理由""同情"和"选择"。只要让对方心里的意愿参与进来，他们就容易自发地采取行动。

心理的阻力 **14** Chapter 1
AS YOU LIKE
尊重别人想做的事情

研究人员向学生们宣传"使用牙线护理牙齿的好处"。

对 A 组学生

研究人员的态度比较温和，"你能用牙线更好，如果你不想用可以不用，没关系"。

对 B 组学生

研究人员的态度比较强硬，"用牙线有好处，所以请你务必要用"。

结果

A 组学生对于长期使用牙线的意愿更强。

（参考：宾夕法尼亚大学　社会科学家詹姆斯·普锐斯·迪拉德团队的实验）

也就是说，想让别人做某件事情的时候，尊重对方的自主性，更容易获得期待的结果。

当我们让别人做一件事情的时候，也许这件事对他来说真的好，但不管我们的出发点多么好，对方也不一定那么顺从地接受。所以，除非对方不做就会有危险，或给其他人造成困扰的事情，一般情况下我们都应该给对方自由选择的权利，然后在一边"袖手旁观"就行了。这样一来，对方产生做事动机的概率更高一些。

为什么精英都是动机控

CHAPTER 2

第 2 章

带人更轻松

HUMAN RESOURCE

DEVELOPMENT

15 转移焦点
CHANGE BELIEFS

对固定思维进行重新评价

研究人员对企业经营者提出一个请求，请求他们询问自己的员工一个问题："你能在现在的工作中感受到乐趣吗？"

"对于现在的工作，你有什么想法？"

问题 1

"你为什么会有这样的想法？"

这样想的理由

问题 2

"你这样想，对工作有什么好处？"

这样想的好处

> "工作中没什么乐趣，也没有什么像样的成绩。"

> "工作不管再怎么努力，也没有意义。"

对于有类似悲观回答的员工，再以如下两种方式对他们提出问题。

结果

几乎所有被这样提问的员工都固执地坚持认为"工作没有乐趣"。

几乎所有被这样提问的员工都意识到自己的这种想法对工作没有任何好处，而其中一部分员工开始思考："怎样做才能让工作变得有乐趣。"

（参考：一位经营管理咨询师进行的实验）

也就是说，若以"理由"的形式询问别人的想法，他心中的想法就会被强化。若以"目的"的形式询问别人的想法，他心中的想法就会被软化。

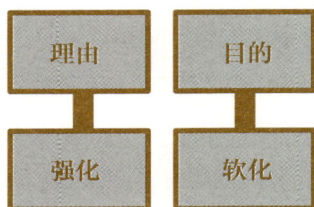

理由	目的
强化	软化

"你为什么会这么想呢？"如果询问别人这样想的理由，那么他心中的想法会更加强化。

因为"为什么"这个词具有让人更加关注过去的效果。人越是关注过去，就会越发确信"自己是正确的"。

人的固定思维，是对自我的一种保护，正确还是错误对他本人来说并不重要。

如果人拥有固定思维的话，认为自己这个时候就应该这样，所以在做决定的时候就不会犹豫。

比如，假设一个人"不喜欢某种味道"，那么他就不会纠结到底该不该吃自己不喜欢的食物，从一开始点菜的时候，他压根就不会点这道菜。

但是，**对于自己的固定思维，我们应该不断审视、反省。看这种固定思维到底是让"自己接近自己应有的样子"还是让"自己远离自己应有的样子"。**

对固定思维进行再审视、再评价的过程，有点像年末大扫除。大家可能都有体会，在大扫除的时候，会从家里清理出很多无用的东西。您肯定会疑惑：自己当初为什么要买这些东西呢？去旅行的时候，常会买一些纪念工艺品，在当时当地那种氛围中，您可能对那件工艺品很有感觉。但带回家后，发现摆在哪里都不合适，只好收藏起来。这样的经历，相信每个朋友都曾有过吧？如今变成既占地方又碍眼的鸡肋，可当初买的时候却觉得它是那么美好、那么可爱。但我们房间的空间是有限的，必须定期地对这些物品进行"再评价"，如果觉得它们没有用，就该果断丢弃。

　　人的固定思维也是同样的道理。一种固定思维，是当时为了保护自己而产生的，当时是有必要的。但放到现在，也许就会成为阻碍我们朝理想状态发展的绊脚石，应该放弃。我们在无意识之间，会不断采取与"自己就是这样的人"这个"自我"不矛盾的行动。但实际上，并没有任何理由要求我们必须和昨天过得一样。我们无须跟昨天一样喜欢同样的东西、讨厌同样的东西，或采取同样的行动。

> **请您务必经常反思，这个想法"对现在的自己有用吗"。**

16 启动效应
INFLUENCE OF WORDS

维护自我印象

研究人员将大学生分成若干组，分别给每组学生一些词，让他们根据这些词写一篇短文。

其中有一组学生得到的词都是形容高龄老者的词语，比如皱纹、健忘、孤独、白发、拐杖等。

待大学生们写完短文后，让他们走路到另外一个地方。

结果

得到形容老年人词语的那组大学生，
与其他组的大学生相比，
走路速度明显慢了许多。

（参考：纽约大学　约翰·巴尔夫的实验）

也就是说，人行为上的表现，会向自己使用的词语靠拢。

在其他类似的实验中，也得到了相同的结果。

研究人员让一组受验者在一个房间中走路 5 分钟，步速是每分钟 30 步（是正常步行速度的三分之一）。然后，给他们看一组词。结果，其中的"健忘""高龄""孤独"等形容老年人的词被受验者以超于平常的速度认出来了。细想起来，这是一件极其恐怖的事情。假设一个年轻人经常出现在老年人聚集的地方，经常接触老年人喜欢的东西，看着老年人颤颤巍巍地坐到椅子上，年轻人也会在无意识之中产生一种新的自我认识——我是老年人。结果，他的行为也会变得和老年人一样。反之，一个人经常接触"派对""酒吧""染一头金发"等年轻人常用的词语，也许这个人的心态和行为也会保持年轻。不管怎么说，重要的是**选择语言要慎重，不要采取过度萎缩的态度**。上流社会的人从不会说降低自己身份的话，即使开玩笑也不会这么说。他们这么做，是不想给别人造成一个不好的印象，但更重要的是维护自己良好的形象。

所以，读者朋友们平时也要注意自己使用的语言、接触的语言和行动。特别是早上起床，第一眼看到的文字，对一天的情绪会有很大的影响。所以，建议您在床边装饰一些充满正能量的字画，或者把手机的屏保设置成积极向上的画面，绝对会给您带来良好的影响。

> **不要受别人语言的影响，多使用适合自己的语言。**

17 特异性信用
ROOKIES SHOULD HELP

在发表意见之前，先协助别人

研究人员向企业中处于管理岗位的职员提出一个问题：

"部下做什么事情会让你感到高兴？"

结果，他们的回答是：

"部下说要给我帮忙。"

"部下帮我扩展人脉关系。"

"部下帮我收集信息。"

"部下问我对他的评价。"

研究人员对制造业、零售业、服务业等行业的就职人员进行了调查，结果发现，对上司提出意见、指出问题的员工，在两年内升职、加薪的概率比较低。

（参考：北卡罗来纳大学　阿里森·弗拉凯尔的实验）

也就是说，没有地位的人，对地位高的人提出意见或建议，容易被讨厌。

有的场合，我们常会觉得必须突出自己才行。

比如，有新面孔参加的会议、和上司一起接待新客户之类的场合，人常觉得："如果只有自己一言不发的话会不会不太礼貌？""如果不发表意见的话，会不会被认为很无能？"但是，如果在这种环境中，自己的影响力很低的话（无论是新人还是老手，只要缺乏影响力），一言不发、侧耳倾听才是上策。

在这种场合中，掌握主导权的人们，从原则上讲不需要地位低的人发表意见。

不管我们想说的话多么有道理、多么有建设性，别人也不一定这么理解。

为了让别人接受自己的意见，首先需要一种"特异性信用"（按照规则为团队工作，为实现目标做出贡献，从而得到团队领导、成员的信任）。

当自己还没有获得特异性信用的时候，那么应该表现出来的行为不是提出意见或建议，而是申请帮忙。

应该从团队领导那里获得行动计划（即使这个计划是自己的点子，也要装作领导想出来的）。而且，为了完成计划，要主动提出协助领导，可以问："我可以帮什么忙吗？"随着特异性信用的不断积累，领导向我们寻求意见、建议的次数也会增加。有调查显示，领导向部下寻求建议的次数，和部下给团队带来的实绩是成正比的。

当自己身处别人的影响之下时，就应该扮演好辅助的角色。

18 集体无知
I'M JUST LOOKING

有危险的时候，就大声喊出来

实验 A

让一名学生充当演员，在大街上表演癫痫发作，看路过的行人会不会施救。

当路人只有 1 人的时候 ➡ 伸出援手的人占到八成以上。
而且"癫痫发作者"在 3 分钟之内就会获救。

当路人超过 5 人的时候 ➡ 伸出援手的人只有三成左右。
而且大家都不知道该如何下手。

实验 B

让受验者在一个房间里工作。
然后偷偷向这个房间里释放烟雾。

当受验者独自一人的时候 ➡ 报火警的人占七成以上。

当受验者为 3 人的时候
（其中 2 人是托儿，假装 ➡ 报火警的人只占一成。
对烟雾没有反应）

（参考：心理学家拉塔奈和达利的实验）

也就是说，身处人群的人数越多，人就越容易把责任推给别人，认为总有人会出头。

当遇到危险事件的时候，您会怎么办？

会不会想"即使我不出头，也总会有人出头的"？当身处一个群体中时，很多人常常这么想。为什么呢？因为人都认为别人肯定会比自己处理得好。

我们人类所拥有的各种感情当中，有一种是很难克服的，那便是"失败了会很丢人，所以害怕失败"。

即使头脑中知道"我应该出手相救"，但眼前发生的事情只要没有紧迫到危及自己的生命，感情就会给行动踩一脚刹车。背后的原因并不是"不善良"，而是"不确定"。

所以，如果当我们自己遇到紧急情况需要帮助的时候，一定要明确地向周围人表达出来，比如"我遇到了危险，请帮助我！"而且，当周围人很多的时候，不要向所有人说这句话，而是要具体指定其中一个人，向一个人寻求帮助。被求救的人，当觉得我们确实需要帮助的时候，他一定不会袖手旁观的。

要向"具体的一个人"求救。

19 棉花糖实验
CHILDREN WINNING TEMPTATION

坏习惯必须马上制止

研究人员让幼儿园一些 4 岁的孩子一个个单独进入一个房间，让他们坐在椅子上。

孩子面前的桌子上有一个盘子，盘子里有一个棉花糖。

研究人员这样对孩子说：

> "这个棉花糖送给你，但我有点事要出去一下。
>
> 我大约 15 分钟后回来。
>
> 在我回来之前，如果你能忍住没吃这个棉花糖，到时我会再奖励你一个棉花糖。
>
> 但如果我外出这段时间你把桌上的棉花糖吃掉了，就得不到另外一个棉花糖了。"

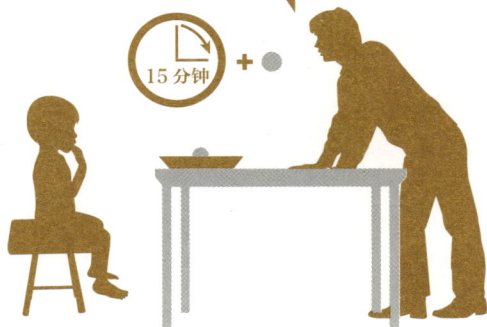

15 分钟 + ●

结果

约有三分之二的孩子会在研究人员离开期间用手去摸棉花糖，而且，最终没忍住把棉花糖吃了。

有三分之一的孩子在研究人员离开期间有意把视线移开棉花糖，他们会通过玩自己的手等方式努力转移自己的注意力，一直等研究人员回来也没吃棉花糖。

忍住了　　吃掉了　　吃掉了

10—15 年后

研究人员通过追踪调查，发现在 10—15 年后，当初忍住没吃棉花糖的孩子比没忍住吃掉棉花糖的孩子在大学入学考试中，平均分要高 210 分。考试满分是 2400 分。

平均分更高

（参考：斯坦福大学　沃尔特·米歇尔的实验）

也就是说，能够战胜一种诱惑的人，自制力比较强，也容易抵制住其他所有诱惑。

能够战胜一种诱惑的人，就能战胜所有诱惑。

反过来，被一种诱惑打败，也容易对其他所有诱惑低头。

前面的实验，就是建立在这个假说的基础之上。

根据日本厚生劳动省公布的调查数据，**收入低的人，蔬菜和肉类的摄取量也比较低，而大米、面包等主食的摄取量比较高，而且，低收入者吸烟的比例也较高**。另外，吸烟者消费罐装咖啡的量也比较大。

当然，只从数据上来看，不能说明一切。但我个人认为，当人朝一个目标努力的过程中，如果能够"控制自己"，那他的收入必然比较高。那么，我在无法忍耐的时候会怎么做呢？

一旦人把需要忍耐的事情当作一种"忍耐"，那么不管怎么做都会觉得难受，也肯定做不好。

所以，我认为遇到这种情况的时候，营造一种不去想"我该忍耐"的氛围很重要。

不看、不听、不说。找一件轻松的事情和这件需要忍耐的事情一起做，就能转移注意力了。

举个例子，比如"擦地板"，这件事情对我来说真的难以忍受。只是蹲在地板上，我就会感到腰酸腿痛，心情自然也变得十分郁闷。但是，如果不干的话，房间里很脏，心情则会更加郁闷。所以，我在擦地板的时候，会用很大的音量放一些自己喜欢的音乐。同时，头脑

里想一些问题，比如"现在想到的短语用英语该怎么说呢"。这样，边听音乐、边思考、边干活，结果，擦地板就没那么枯燥了。

我这样做，虽然不会减少我对擦地板这种行为的反感，但至少让自己喜欢上了擦地板的时间，成功地实现了心情的转换。

需要忍耐的事情，如果和喜欢的事情一起做，就容易坚持下来了。而且，这个方法可以应用到所有事情中。

> **"不想做的事情"，我们要想办法把它们变成"想做的事情"。**

20 角色的力量
LET'S GIVE A ROLE

给自己一个积极的角色

研究人员给参加实验的学生分配了囚犯和看守的角色。

囚犯

穿上囚服，把他们关进用学校地下室改造成的"监狱"。

看守

穿上警服，看管、监视囚犯。

结果

看守会强制对囚犯进行俯卧撑等惩罚。
还会让囚犯彻夜不眠。
对抵抗的囚犯，看守会用灭火器喷他们，还会把他们关入单人禁闭室。
对于自己的过分行为，看守认为这是自己的职责所在，没有不妥。
实验开始后，囚犯立刻对看守表现出服从的态度。

（参考：斯坦福大学　心理学家菲利普·津巴多的实验）

也就是说，**扮演的角色会对人产生巨大影响，而且和先天的性格无关。**

角色可以改变人。比如，只要对公司同事说一句："×××，你在〇〇〇方面是公司里最棒的！"就可以让这位同事在这方面工作中的热情异常高涨起来。不信您可以试试。

在父母面前的自己、在伴侣面前的自己、在朋友面前的自己……一个人有各种各样的角色。同样是朋友，但在朋友 A 面前和朋友 B 面前，我们可能也会扮演不同的角色。

为了适应各种各样的环境，为了让自己在各种环境中生存得更好，我们会根据情况扮演不同的角色，获得不同的力量。所以，如果获得一个新角色的话，我们就可以发挥一种新的力量。

世界顶级经营者会像一个演员似的，根据时间和场合扮演不同的角色。

请您思考两个问题："自己想成为什么样的人？""您希望自己的部下成为什么样的人？"

如果您一时想不好自己希望扮演的角色，可以向自己喜欢的企业、品牌、商店寻求启示。现在我给自己的一个角色就是"商业领袖们的Amazon（亚马逊）"。也就是说，不管商业领袖们想得到什么样的信息，我都可以马上提供给他们。我想在客户眼中变成一个"万事通"。为此，我要学习古今东西的各种知识，为世上的商业领袖提供他们想要的信息和知识。

> **决定自己想要扮演的角色，然后向周围的人大声宣布这个决定。**

21 道德行为
MORAL BEHAVIOR

批评行为，表扬人本身

研究人员向一群玩玻璃球的小朋友提出一个请求，请求他们把自己的玻璃球分给朋友一些。然后，

研究人员对 A 组小朋友说：

"你做了一件好事，真了不起！你做了一件对别人有用的事。"
也就是说，表扬他们的行为。

研究人员对 B 组小朋友说：

"你让朋友很开心，真了不起！你是一个对别人有用的人。"
也就是说，表扬他们的人品。

结果

两周之后，A 组小朋友中有 10% 的人，B 组小朋友中有 45% 的人，愿意去医院探望生病的小朋友，并送去礼物。

（参考：心理学家乔安·格鲁赛克的实验）

也就是说，赞扬别人的人品，可以增加他的道德行为。

在表扬和批评人的时候，侧重点应该有所不同。

把对方的意识引导向何方是非常重要的。我们人类的意识是分层的，每一层受到的影响程度是不同的。

影响非常强 + 存在（自身人格）→影响强 = 价值观（珍视的东西）→影响稍强 = 能力（可以做的事）→影响弱 = 行动（做的事情）→影响非常弱 = 环境（人、场所、道具等）。

由此可见，当一个人做了一件积极的事情后，我们不应该表扬他"你做了一件好事"（行为）、"你运气真好"（运气），而应该表扬他"不愧是 ×××啊，你真厉害！"（人本身）、"你真是一个受好运眷顾的人"（人本身）。**这种与"人本身"结合起来的表扬方式，可以对人的深层意识带来很大的影响。**"你的穿衣风格总是很得体，很有品位""你选择语言的感觉非常优秀"，类似这种对别人"感觉"的赞美，也相当于对人本身的赞美。

反之，如果一个人做了不好的事情，在批评他的时候，我们不应该批评他的人格，比如"为什么你连这样的事都做不好""你太笨了"。而应该只是单纯地批评他的行为，比如"你的方法有点问题，下次再改进一下""你做这事的时机不好，下次有机会再试一下"。**类似这种与行为、情境相关的批评方式，有助于促进对方顺利地改正错误。**

> **在表扬别人的时候，应该承认对方这个人本身。**

22 同类相斥
I HATE PEOPLE LIKE ME

相似的人相互排斥

绝对素食主义者

（绝对不吃任何动物性食物，支持蔬菜、水果、粮食的素食主义者）

vs

蛋奶素食主义者

（以素食为主，但会吃乳制品、蛋类的素食主义者）

研究人员让上述两种素食主义者相互评价对方，对他们提问："**与非素食主义者相比，你对另外那种素食主义者有什么看法？**"

结果，**绝对素食主义者对蛋奶素食主义者的偏见，比蛋奶素食主义者对绝对素食主义者的偏见要多 3 倍。**

（参考：心理学家朱迪斯·怀特的实验）

也就是说，**人对于和自己主张相似，但不如自己彻底的人，有讨厌的倾向。**

总有一些人让我们感觉不舒服，和他们交往很别扭。只是见到他（她），就觉得烦，听到他（她）说话，就更恼火了。

这样的人，究竟是什么样的人呢？到底他们哪里"得罪"我们了呢？也许他们正是和我们很相似的人。我们对自身的一些问题，会尽量克制，不表现出来，但当有人把类似的问题表露无遗的时候，就会让我们在感情上产生不舒服的感觉。

任何人从出生到长大，在这个漫长的过程中都会形成一套"自己的准则"，同时按照这套准则平安无事地生活在世界上。严守这套准则，才能让我们自己的内心保持平衡。于是，**当一个人的准则和我们的准则很相似的时候，我们就会对他（她）非常敏感，对方一旦有一点不符合这套准则的言行，我们就能敏锐地捕捉到**。而且，当我们发现对方有一丝和自己准则不符的地方时，就感觉自我受到了威胁，于是便会产生攻击性的情绪。

尤其当和自己特别相似的人身上存在"自己想要的某种特质"时，我们就容易对对方产生妒忌心。也因为不想认可对方身上的那种特质，进而产生厌恶的情绪。

所以，在工作中需要组成团队的时候，应该尽量避免把相似的人编在一组，这样可以减少不少纠纷。当您对相似的人产生同类相斥的情绪时，可以通过**认可自己存在的价值**，也就是确认自己喜欢、坚持的东西，来缓解对对方的攻击性情绪。

> **发现自己与别人身上相似的地方，并认可自己身上的这个特质。**

23 脱离道德准则
WHO AM I?

公开自己的名字和容貌

研究人员在万圣节之夜做了一个实验。

让参加实验的孩子两个人一组去别人家要糖果。

事先在被访问的家庭房门口放好糖果。

研究人员和孩子约定好："糖果可以自己拿，但只能拿一颗。"

两个孩子中有一个是事先安排好的"托儿"。

当托儿的孩子肯定会不遵守约定，拿两颗以上的糖果。

A 组孩子

和托儿一起走进院子的情况……

83%

在托儿的带动下，拿了两颗以上糖果的孩子占到 83%。

B 组孩子

我要两颗

在大门口先向房子里的人通名报姓，然后和
托儿一起走进院子的情况……

67%

在托儿的带动下，拿了两颗以上糖果的孩子占到 67%。

C 组孩子

我要两颗

在大门口先向房子里的人通名报姓，

然后托儿并不进去，让受验者独自一人去拿糖……

8%

结果拿两颗以上糖果的孩子只占 8%。

（参考：伊利诺伊大学　名誉教授艾德·迪娜博士团队的实验）

也就是说，在匿名的情况下，人更容易脱离道德准则。

作为一个团队的领导者，对团队成员的要求不应仅仅停留在完成任务即可的较低水平上，还应该想办法提高团队成员的道德标准。那么具体该怎么做呢？

第一，**应该把团队成员的容貌和名字公开**。就像日本的很多出租车公司一样，公司大门口会张贴每一位驾驶员的照片和名字。其他类型的公司，当业务人员给客户打电话的时候，不仅应该报上公司的名字，紧接着还应该报出自己的名字。这样可以提高每个员工作为公司一员的意识。只要每名成员的集体意识提高了，那么即使不用团队领导者啰唆，他们自然就会提高自己的道德标准。

第二，对于那些道德标准比较低的成员，可以**把他们和道德标准较高的成员编在一个小组**。道德标准较高的人，一般非常守时、有礼貌、注意仪容仪表。这样的状态，身教胜过言传。但是，有时也会遇到一些无论怎么教、怎么帮带，也难以提高其道德标准的成员。他们根本不在乎别人怎么看待自己，一向我行我素。不过，这样的人身上往往潜藏着打破成规的能力，换个角度说就是创新的能力。对于这样的成员，我们应该在理解他们的基础上，尊重他们的个性，最重要的是把他们用到合适的地方，没准就能发挥出他们的独特才能。

> **一个团队至少要配置一名道德标准较高的人。**

24 自信过度造成的偏差
IMMEDIATE ANSWER IS WRONG

聪明的头脑更需要深思熟虑

问题 1

一个球棒和一个棒球的价格合计是 1 美元 10 美分。

球棒比棒球的价格贵 1 美元。

请问，棒球多少钱一个？

问题 2

一座湖中生长着睡莲。

睡莲叶子的面积每天都会增长一倍。

睡莲叶子将整个湖面占满需要 48 天时间。

请问，睡莲叶子将湖面覆盖一半，需要几天时间？

问题 3

为了制造 5 个零件，5 台机器需要工作 5 分钟。

请问，100 台这样的机器生产 100 个零件，需要多长时间？

结果

在全美顶级大学生中，将上述 3 个问题全部答对的人还不足 20%。

（参考：普林斯顿大学　行为经济学家丹尼尔·卡尼曼和西恩·弗雷德里克

的实验）

也就是说，不假思索的回答，往往是错的。

我们人类本来就有一种"自以为是"的习性。

也就是说，**当我们遇到一个问题的时候，总觉得自己比其他人反应快，这种过度的自信使我们不愿深入思考，而急于给出答案。**很多人都觉得"自己的头脑很聪明"。

有一位知名企业的管理者就深谙人类的这种恶习，他在向部下传达指示之后，不会问："你明白了吗？"而是问："你能做到吗？"

如果问："你明白了吗？"大多数人会当即不假思索地回答："明白啦！"

但其实这个回答并不一定真实可靠。虽然部下也许并没有恶意，也没有故意撒谎，但实际上很多情况下他们并没有真的弄明白，只是习惯性地回答明白了。因为如果回答不明白的话，怕被上司责骂。

于是，**那位上司就问："你能做到吗？"**其实这等于给了部下一个思考的时间。

听到上司这样问，部下肯定会先在头脑中把完成任务的过程捋一遍，哪些地方自己明白了，哪些地方还没明白，自然就会有个判断。

如果有不明白的地方，部下应该会向上司进一步询问清楚。

如果对方回答得太快，我们就要多加小心了。

（前一页3道题的答案分别是：5美分、47天、5分钟。）

站在对方的视角感受痛苦与快感

即使面对自己的至亲之人，有时我们给他们提意见之后，他们也不一定会按照我们的想法行事。

也有朋友认为这可能是自己"表达方式"的问题，也许应该说得更严重一点，也许应该多一点赞美。当然，批评、赞美是会对他人的行为有一定的影响，但并不一定能够持续发挥作用。

首先，我提醒您最应该注意的一点是，您在考虑"我该如何表达"之前，更应该想一想"我觉得对方是一个什么样的人"。我们总会根据一个人以前的表现来评价他，认为"他就是这样的人"，并以此作为与对方沟通的平台。但是，如果您能打破这种固定思维，相信对方能够把这项工作做好，那么对方也能感受到您的信任，认为自己能把工作做好，于是也会积极地接受您的意见或建议。反过来，如果从一开始您就不相信对方能把这项工作做好，那么对方也能敏感地捕捉到您的不信任，那么不管您费多少口舌，想必他也不会心甘情愿地接受您的意见或建议。

由此可见，当您想改变一个人的行为时，首先应该放下对他的偏见，而把自己注意的焦点放在对方的情感上。

一个人的行为，不是偶然产生的。他为什么会做这样的事，或不做那样的事，背后是有一种感情在驱使他的。

对对方来说，什么事能让他联想到"快感"，什么事能让他联想到"痛苦"，这对他的行为有极大的影响，或者说有决定性作用。

举例来说，一个桌面上总是干净整洁的人，并不是因为他整理物品的能力有多高，而是因为整洁的桌面能让他感到快乐，而散乱的桌面让他感觉不舒服。反过来，桌面总是乱七八糟的人，收拾东西对他来说就可能是一件非常痛苦的事情。

　　每个人感到"痛苦"和"快感"的点是不一样的。所以，当我们告诉对方要做一件事的时候，事先要站在对方的角度设想一下他做这件事的"快感"在哪里，不做这件事的"痛苦"在哪里。也就是说，帮他找到一个做这件事的理由，然后通过语言让他联想到做这件事的"快感"和不做这件事的"痛苦"。

　　一般来说，"麻烦"是典型的"痛苦"，"快乐"是典型的"快感"。但很多人并不会简单地为此所打动。因此，要想说服别人，必须首先学会站在对方的立场上，找到他真正感觉"痛苦"和"快感"的点，这才是说服别人的"捷径"。

25 社会贡献
BOYS BE AMBITIOUS

往更远大的地方想

研究人员向高中生们提了两个问题。

问题 1

"你觉得怎么做才能让世界变得更美好？"

问题 2

"你现在学习的知识，对改变这个世界有没有帮助？"

研究人员对一部分高中生提出了上述两个问题，而对另一部分高中生没提任何问题。对这两组高中生进行比较，结果发现，被提问的高中生，为了准备考试的复习时间是另一组的两倍。

研究人员又对之前被提问的高中生提出一个选择题：你现在想"看休闲电影"还是"做数学题"？
结果，之前被提问的高中生中，选择"做数学题"的人居多。

（参考：迪比特·耶戈和笛福·豪内斯克的实验）

也就是说，如果一个人愿意思考当前自己所做的工作将会给社会带来什么样的好处，那他工作的动机就会大幅提升。

自己是为了什么从事现在的工作？这个工作对社会有什么益处？
经常在头脑中思考这样的问题，可以防止工作动机的起起落落。

学习性无力感 **26**
LET'S TRY AGAIN AND AGAIN

失败没关系，再试一次

研究人员将受验者分成几组，分别设置好不同的条件，用很大的音量给他们播放音乐。

A 组： 只要按一下播放器的按钮，音乐就可以停止。

B 组： 音乐无法停止，而且音量也无法调节。

C 组： 不播放音乐。

第二天，

给 A 组、B 组、C 组的受验者听大音量的音乐。

但这次，只要他们动动手，就可以关掉这令人心烦的音乐。

结果，A 组和 C 组的受验者，很快就发现可以自己动手关掉音乐。

但 B 组的大多数人什么也没做，甚至不去尝试关掉音乐。

不过，B 组中也有三分之一的人动手去关掉音乐，并发现音乐是可以关掉的。

这三分之一的人可以说是乐观主义者。他们相信："挫折是暂时的，总有战胜它的时候。"

（参考：心理学家马丁·塞利格曼的实验）

也就是说，只要失败几次后，即使还存在成功的可能性，人也容易就此放弃而不去挑战。

成功与失败，在很多人的头脑中是一道非此即彼的选择题。但我们应该摒弃这种思维方式，面对困难，我们应该把它想成"这只是成功道路上的一次小失败"。拥有这种思维方式之后，人成功的概率就会大大提高。在取得成功之前，持续努力挑战非常重要。

27 无意识的适应
HE CAN DO IT IF HE CAN DO IT

让人认为自己是"优秀的人"

在新学期伊始，研究人员对某小学的全体学生进行了一次考试。

考试后，让老师告诉所有学生："有几名同学的成绩非常优异，这说明他们的聪明才智开始发挥出来了。"并把这几名学生的名字公之于众。

而实际上，这几名学生只是从所有学生中随机选取出来的，成绩并不是特别突出。

到了学期末，研究人员再次对全校学生进行了一次考试。

结果，随机选取出来的"那几名学生"比其他学生的成绩要高出一些。

（参考：教育心理学家罗伯特·罗森塔尔和勒诺·雅各布森的实验）

也就是说，当一个人被贴上"优秀"的标签之后，周围的人就会帮助他向"优秀"的方向发展。

当一个人被贴上"优秀"的标签之后，周围的人在和他交往的时候，就会无意识地帮助他去实现"优秀"的结果。比如，在工作中为他提供有用的信息、给他便利、有意无意地伸出援手等。

遗传与环境
JUMP INTO THE NEW WORLD 28
Chapter 2

跳进自己憧憬的环境中去

1957 年，研究人员对在日本长大的日本孩子和在美国加利福尼亚州长大的日本孩子进行了身高对比。

结果

在美国加利福尼亚州长大的日本孩子的平均身高，比在日本长大的日本孩子的平均身高足足高出了 12.7 厘米！（当时，美国加利福尼亚州的营养条件、医疗条件都比日本国内好。）

（参考：斯坦福大学医学院　威廉·沃尔塔·格里克的研究）

也就是说，不同的环境，会给人带来不同的变化。

当您觉得自己与生俱来的才能已经达到极限，再难有突破的时候，不如下定决心换一个环境。我们会去适应环境实现各种改变和成长，而且这和年龄与经验没有关系。生物对环境的适应能力真可谓一种优秀的能力。

29 人格保护
EVERYONE IS IMPORTANT

保护别人对自己的评价

研究人员对受验者进行了分队，一队是"团队工作的人"，一队是"独自工作的人"。

"团队工作的人"又分为两组：

A 组 对半数的人说："团队工作还是独自工作，是抽签决定的。你被抽到了团队工作。"

B 组 对半数的人说："团队中的其他成员选择了你，要求你加入这个团队。"

"独自工作的人"中也分为两组：

C 组 对半数的人说："团队工作还是独自工作，是抽签决定的。你被抽到了独自工作。"

D 组 对半数的人说："非常遗憾，团队中的其他成员拒绝和你一组，所以请你独自工作。"

之后，让所有受验者进行自我评价。

结果

A 组和 C 组的受验者，对自己的评价没有受到影响。

B 组受验者对自己的评价"稍微"有所提高。

D 组受验者对自己的评价"非常"低下。

（参考：杜克大学 社会心理学家马克·R. 利里等人的实验）

　　也就是说，采用抽签选择的方式，对被选人的自我评价不会造成什么影响。

　　进行选择的一方往往容易忽视被选人的感受，选择方法使用不当的话，会对被选人的内心造成深深的伤害。所以，如果不是十分重要的分组、工作分配、人员配置，最好采用抽签的方式进行选择，这样能够保持成员内心的稳定。

MOTIVATION IS
EVERYTHING

为什么精英都是动机控

CHAPTER 3

第 3 章

达标更快速

GOAL SETTING

30 目标设定理论
HOW TO SET GOALS

将目标具体化

研究人员对某个木材运输公司货车的装载情况进行了调查。

结果发现，他们的货车装载量只有法律规定的最大荷载量的 60% 左右，运输效率不高。（法律以及相关部门对合适的装载量并没有明确的指导。）

⬇

研究人员向公司经营者提议，"把货车装载量目标上限设定为 94%"。

结果

9 个月之后，该公司货车的木材装载量达到了法律规定最大荷载量的 90%。

60%	目标 94%	90%

（参考：组织心理学家爱德温·洛克和盖瑞·雷萨姆的实验）

也就是说，人有一种倾向，不愿做超出别人要求的事情。但是，如果能够给出具体的、不过度困难的、可以接受的目标，就容易激发出人的工作动力。

容易让人产生无力感的状况一般有两种：

一是没有设定任何目标，二是设定了让人提不起干劲的目标。

所谓能让人提起干劲的目标，**是"有难度但可以实现"，让人能够想象出实现步骤的目标。而且是在任何时候，任何人都可以正确解释的具体目标。**

在前面的案例中，如果对运输公司说"请提高你们的货车装载量"，恐怕无法取得理想的效果。但说"请把货车装载量提高到最大荷载量的94%"，就能让公司的经营者感到这是一个具体的、有难度但可以实现的目标，于是便激发出了提高装载量的动力。

其他行业也是一样，比如，对销售人员，上司如果只说"你要尽量提高访问客户的数量"，往往效果不好；但如果换种说法，"你每周至少要访问20个客户"，就更容易激发销售员的工作干劲。关于减少加班时间，如果只是简单地说"大家尽量减少加班"，恐怕不会取得效果；但如果说"大家争取每周3天18点下班"，就会让员工对减少加班产生具体的联想，进而想办法去实现它。

目标，要设定在使劲伸手就可以摸到的地方，而且，还要有一定的难度，使用以前的方法无法轻易实现，促使人开动脑筋去寻找新的方法。

设定了这样的目标之后，人的头脑就会无意识之中增添许多选项。

头脑中的选项越多，人就会抛弃"能做好我也不想做"的思维，自然切换为"我好像能做好，不去做的话有点太可惜了"。设定目标，目的不是为了改变未来的自己，而是为了改变自己当前的"感情"。

把凭感觉做的事情，变成具体的数字。

31 非竞争性报酬
THE ENEMY IS HIMSELF

自己和自己竞争

研究人员将接受实验的男孩子两人分成一组，让他们解题。解题结束后，宣读两人的成绩。

对 A 组的男孩子说：

"成绩好的一方获胜，胜利一方有奖励。"

对 B 组的男孩子说：

"这次解题没有胜负之分。你们两个人如果能够合作研究、解题，都将获得奖励。"

结果

研究人员让男孩子们回顾"自己的成绩如何"时……

A 组男孩子

认为自己能力强或运气好的人比较多。

B 组男孩子

认为自己努力的人比较多。

（参考：艾姆斯的实验）

也就是说，**和别人竞争，容易让人产生过度的自信，和自己竞争，才能激发动力。**

肯定有很多朋友认为，工作中是需要"竞争"的。竞争可以激发员工的干劲，可以促进彼此的成长。

确实，竞争是有上述好的一面。在一个公司中，根据员工的能力为大家排名，并根据这个排名发放奖金，员工就会更加努力地工作。有些企业的经营者是这样想的，也是这样做的。

但是，**竞争也存在一个问题，就是——"胜负结果出来之后会怎样？"** 当人的行为有了结果之后，就会分析、反思为什么会有这样的结果。人在竞争中获得胜利的时候，容易把原因总结为"因为自己能力强""因为自己运气好"。而失败的人，容易得出"我没能力""自己运气不好"的结论。

素质和运气，是无法靠自己的努力来弥补的。所以，如果一个组织把竞争作为激发成员动力的方法，那么，渐渐地，不愿努力、不愿下功夫的人会越来越多。最终的结果会怎样呢？**活跃的人和不活跃的人会逐渐趋向固定化。** 而整个组织也会变成一个羸弱、没有战斗力的组织。

对于通过竞争获得的报酬，男性比女性的欲望更强烈一些。这可能是因为男性中过度自信的人比女性多的缘故。但是，并没有任何数据表明，喜欢竞争性报酬的人能力更强。

> **不要用竞争去激发成员的干劲，"你一定行"更能激发出人长久、持续的动力。**

32 罗伯斯山洞实验
EVERYONE FIGHT TOGETHER

创造一个共同的目标

研究人员将一群少年分成A组和B组,让他们在一个营地共同生活。不管 A 组还是 B 组,都不知道另外一组的存在,各组过着自己的营地生活。一周之后,研究人员告诉他们另外一组的存在。然后,让两组少年进行棒球比赛等有奖竞技活动。

结果两组少年彼此敌视,甚至出现相互辱骂的行为。
该怎么改善他们之间的关系呢?

A 尝试

(让两组队员一起娱乐)
让两组队员一起看电影、一起吃好吃的食物、一起举办烟花大会等。

结果

两组队员之间的对立更加深刻了。

B 尝试

(让两组队员共同工作)
让两组队员一起解救陷入泥潭的卡车、一起寻找水管的损坏处、一起修理饮用水蓄水罐等。

结果

两组队员彼此之间的好感迅速提升。

(参考:社会心理学家穆沙法·谢里夫等人的实验)

也就是说，**一起娱乐并不利于改善关系，需要相互协作的工作，才更容易让人们建立信任关系**。

要想修复出现裂痕的人际关系，怎么做最好呢？

相信很多朋友都曾采用过如下方法，找一个认识双方并了解情况的第三者，让这个人组织一个三方在场的会面，借此让矛盾双方冰释前嫌。罗伯斯山洞实验一开始也采取了相似的方法，**本想借一起娱乐的机会加深两队成员之间的友善关系，但结果反而增加了彼此的敌对情绪**。俗话说强扭的瓜不甜，勉强把矛盾的双方聚在一起，反而会让彼此在性格、世界观方面的差异进一步突显出来。

但是，如果给矛盾的双方抛出一个需要共同完成的"困难课题"，就能很快打消彼此之间的偏见，增进友好和团结。因为这样一来，双方都有一个共同的"敌人"（目标）。**双方不相互协助的话，就无法战胜这个困难。战胜这样的困难，是缩短人与人之间心理距离的最佳机会**。

另一方面，如果没有遇到缩短彼此心理距离的机会，那就有意识地人为制造一些这样的机会。如果公司内风气出现坏苗头，比如盛行背后说别人坏话、故意欺负某个员工等，就说明这个组织失去了共同的目标。这个时候，如果您是领导者的话，就应该站出来为大家设立一个困难的目标，但事先也要做好被人讨厌的心理准备。设立困难的目标之后，让矛盾的各方共同去完成这个任务。面对困难的目标，一开始也许大家都会出现抵触情绪，但在朝着目标努力、协作的过程中，大家就会逐渐团结起来，公司内的风气也必定随之好转。

> **团队中出现闹矛盾的人时，就先给他们设定一个困难的目标，让他们共同去完成。**

Chapter 3

33 意外的运气
I AM LUCKY IF I FEEL LUCKY

相信"自己的运气非常好"

实验人员故意在店铺门口遗落一张 5 美元的钞票，想研究一下人们对运气的态度，以及运气和偶然机会之间的关系。

A 组受验者

通过事前调查了解到：

他们说自己中过彩票或逃脱过千钧一发的危险，他们认为"自己的运气非常好"……结果，这些人发现了店铺门口遗落的 5 美元钞票，捡起钞票后，他们还会走进店铺看一看。

没想到在店铺里还能遇到成功的企业家，有机会和他们面对面交流。

B 组受验者

通过事前调查了解到：

他们说自己经常遭遇意外，恋爱也不怎么顺利，他们认为"自己的运气非常糟糕"……结果，这些人中很少有人发现店铺门口遗落的 5 美元钞票，更是错过了走进店铺和成功企业家面对面交流的机会。

（参考：心理学家理查德·怀斯曼的实验）

也就是说，"对未来的期待"是能否达成目标的一把钥匙。

我要讲的不是什么神秘、超自然力量的话题，而是现实中的情况。认为"自己运气好"的人，不管在工作中还是生活中，都容易发现新机会。不仅如此，多和认为"自己运气好"的人交往，我们自己也会发现更多的机会。

眼前所发生的事情，其实它本身并不存在幸运与不幸的分别，关键是我们如何看待这件事，如何给它下定义。

比如，您遇到一件糟糕的事情，如果您心里认为它是一件糟糕的事情，是自己运气不好导致的，那可能事情就到此为止了，以悲剧收场。但如果您相信"好事多磨"，这只是通向美好结局路上的一颗小小绊脚石，那么事情随后的发展可能就大不一样了。如果能把眼前的坏事当作"上帝给予自己的一个小考验，可能是让自己人生变得更好的一个转折点"，那么人就会开动脑筋，细心观察周围的世界，多半都会有意外的发现。

就拿现在的我来说，我在一家咖啡馆里边喝咖啡边思考工作的事情，从我坐的地方刚好可以看见咖啡馆里配置的灭火器。我看到灭火器上标注的英语是"fire extinguisher"。"extinguish"有"扑灭"的意思，但这个单词让我联想到了"distinguish"，"区别"的意思。区别……不同……啊！对了！这个切入点让我的头脑中突然闪现出"事物持续发展"与"现在做出新决定"之间的差别，并马上决定写一篇相关文章发表在博客中。进而，它也可以成为我演讲的新主题。

神奇的是，就在我确定这个演讲主题的时候，我就收到了一封工作邮件——有单位邀请我去演讲。

做一个在任何事情中都能"学到点什么"的人。

34 社会性偷懒
SOMEONE WILL DO IT

给所有人安排任务

研究人员做了一项拔绳子实验。分别对 1 人、2 人、3 人、8 人……不同人数拔绳子的力度进行了测定。

结果

1 个人拔绳子的时候……这个人使出了 63 公斤的力量；
3 个人拔绳子的时候……平均 1 个人使出了 53 公斤的力量；
8 个人拔绳子的时候……平均 1 个人使出了 31 公斤的力量。

（参考：心理学家马克思·林格尔曼的实验）

也就是说，很多人一起做一件事的时候，人容易偷懒，因为觉得，"反正还有别人呢"。

当一个人独自承担一项工作的时候，他是不会偷懒的，因为如果做不好，责任只有自己承担。

但当很多人一同做一项工作的时候，虽然每个人都没有偷懒的主观意愿，但会在不知不觉之中产生一种依赖心理：反正还有其他人呢。

于是便会不自觉地松懈下来。

您可以想象一下众人开会的情景，有的时候会陷入沉默。因为每个人都在想，即使自己不发言，肯定也有人发言。还有的人虽然有自己的意见，但他怕发言之后会遭到反驳，或者自己要承担起这个责任，于是也就低头不语了。类似的情况相信您都遇到过吧。

为了提高生产性，一个任务，应该安排给尽量少的人。不要让太多的人一同去做一件事情。

如果必须以团队形式才能完成的话，那么**在工作开始之前，应该为每位成员划分明确的职责范围。**

一定要避免出现"没有我也行"的状况，应该让每个人觉得"没有我就不行"。

任务一旦布置下去，团队领导就不要再多插嘴。而且，也不要去帮助任何人。

为每个人明确划分职责之后，谁做出了成绩，谁在偷懒，就可以一目了然了。这样的方式，才能最大程度地发挥团队中每个人的力量。

世间不存在强大的团队，只有团队中每个成员都处于全力以赴的状态，才能使整个团队变得强大。

一项新任务，必须确定一个责任人。

35 截止时间细分法
HOW LONG CAN IT BE？

将截止时间尽量细分

研究人员对学生们说：

"你们如果参与我们的问卷调查，交卷的人将得到 5 美元的答谢。"

但研究人员只对其中半数学生说："截止交卷时间是 5 天后。"对其余半数学生不设置交卷截止时间。

没有截止时间

提交 25%

结果

未设置截止时间，最终交卷的学生只有 25%。

设置交卷截止时间为 5 天后，最终交卷的学生有 66%。

有截止时间

提交 66%

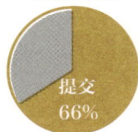

（参考：斯坦福大学　心理学家阿莫斯·特沃斯基等人的实验）

也就是说，确定了做事情的优先顺序，更有利于完成目标。

每年一到新年，很多朋友就开始给自己制定新一年的目标。

但到年底的时候，基本上没人能实现年初制定的目标。

为什么会这样呢？因为对一般人来说，要集中注意力攻克一个目标，一年的周期实在太长了。有人曾经开玩笑说："年度目标，12 月制定就来得及。"你别说，这个玩笑开得还是很有道理的。因为**当人看不见期限的时候，就无法集中注意力**。

给自己设定一个截止时间，就相当于给自己一段高度专注的工作时间。

这个方法还可以进一步优化，那就是我提倡的"截止时间细分法"。我这个人平时就比较懒惰，还有拖延症，为了治好自己的"懒病"，一天之中，我会以3小时为单位给自己设定时间限制。

我不会问自己："今天一天我要做些什么？"而是问："接下来3小时中我要做些什么？"

通过这样的问答，我自己都能感觉到头脑运转的速度加快了。

开始执行3小时的计划之后，我并不需要看表，因为我觉得这个时候准确地计时并没有意义。只要自己专注力够强，就会忘记时间，一直工作下去。

只要想着"我要一口气干完"，我就会以高度的专注力快速而高质量地完成工作，完成阶段性工作后，自然就会休息一下。我觉得以这样的节奏工作，很符合人脑的生理规律，工作效率高而且不疲惫。

我认为，给自己设定时间限制，其实也是对自己的一种关怀。虽说有了时间限制就会产生一种紧迫感，但正因为有了这种紧迫感，可以让工作完成得更快更出色，也能让自己的一天过得更充实。

> **不管什么样的工作，都要给自己设置一个时间限制，而且要对时限进行细分。**

36 对行为进行思考
THINK ABOUT THE PROCEDURE

先把做事步骤想好

研究人员给学生们发出一则通知。

一个简单的请求

我们为了研究人类的一些行为特性，恳请学生帮忙完成一份问卷调查。

如果你能在 3 周之内将填好的问卷交到我们手中，你就可以获得一份礼物。

但研究人员在发出这则通知之前，

预先让学生们做了下列一些事情。

（参考：心理学家雅各布·特罗佩和尼拉·利贝尔曼的实验）

对 A 组学生

"写日记"

"在银行开账户"

"去旅行"

…………

给他们看上述几种行为，然后让他们把人们做这些事情的理由写出来。

对 B 组学生

"写日记"

"在银行开账户"

"去旅行"

…………

给他们看上述几种行为，让他们把人们做这些事情的具体顺序写出来。

结果

与 A 组学生相比，B 组学生平均早 10 天提交了问卷。

也就是说，当人思考行为的理由之后，行动就会变得迟缓。但当人把意识集中于"该怎么去做"的时候，就容易付诸具体行动。

当人遇到麻烦事的时候，容易想："为什么会这样呢？""我为什么必须做这件麻烦事呢？"也就是说，去思考事情的理由。但是，只要人的头脑不放弃思考这件麻烦事背后的理由，就很难采取下一步的行动。而且，对背后的理由思考得越深入，人的行动意志就会越薄弱。

"自己陷入了思考理由的困境？"当您发现自己身处这种状态的时候，最正确的做法应该是把自己的意志转移到行动的具体程序上，该想："我现在首先应该做点什么呢？"

比如，您的部下犯了一个重大错误。因为他的这个过错，客户向公司发出了投诉，并且取消了全部重要订单。这个时候您会怎么做呢？责骂部下？"你怎么会犯这么愚蠢的错误？！"

责骂于事无补。这时，您应该考虑的问题是：具体怎么做才能解决问题呢？并把注意力集中到解决问题的具体步骤上。然后按照想定的步骤采取行动。仅此而已。**"麻烦事""棘手的问题"这些词语只是带着感情色彩的表达方式，事实上它们只是"步骤比较复杂的事情"而已。**

以我为例，我特别讨厌整理房间。我甚至把"每周至少打扫办公室一次"写进了记事簿，却难以落实到行动上。后来我换了个招数，在记事簿上写道："每周一的早晨，来到办公室，第一件事就是从办公桌最下层的抽屉中拿出打扫工具和垃圾袋……"结果，我的办公室总算能够保持清洁了。每周一的早晨，我真的会按照记事簿上写的步骤把办公室打扫一遍。

另外，我曾下定决心每天下班时要把办公桌收拾整齐，但只坚持了3天，就懒得收拾了。于是，我又把收拾的具体步骤写了下来，"每天下班的时候，办公桌上除了电脑之外，其他所有东西都要收拾起来"。仅此而已，我就养成了每天收拾办公桌的习惯。写稿子的时候，不要只告诉自己："要开始写稿子了。"而应该具体到："要写什么样的主题，用什么样的纸、什么样的笔、在什么地方写……"**如果我今天要写稿子，我就会事先在记事簿上详细地写好写作的具体步骤。让自己就像一个机器人一样，按照写好的步骤执行就是了。**

当然，也许我的做法有点过头了，但通过将抽象的任务转换成"具体的步骤"，再麻烦的事情，也会变得简单起来。

把"为什么"换成"怎么做"。

37 悲观性战略
PESSIMISTIC STRATEGY

心想"接下来可能要失败哟"

通过事先调查，研究人员找到一些悲观的人，他们"总会设想最坏的结果，每天都在不安中度过"。
然后让他们在不同情况下投掷飞镖。

A 情况

在他们投飞镖之前，先给他们听放松的音乐。

B 情况

在他们投飞镖之前，让他们想象飞镖正中靶心的情景。

C 情况

在他们投飞镖之前，让他们想象飞镖脱靶的情景。

结果

这些平时悲观的人，与 A、B 两种情况相比，在 C 情况下，命中率要高出 30%。

（参考：雪莉·K. 诺尔姆的实验）

也就是说，对缺乏自信的人来说（也适用于有自信的人），想象可能发生的最坏情况，这种不安能够转化为做事情的动机。

当"现实与期待不符的时候",人就会产生精神压力。

所以,做事之前就预测自己即将失败的人,即使结果真的不太好,他们也不会太消沉。即使真的失败了,他们的内心也有台阶可下,还会冷静地为下次挑战做准备。

在前面的实验中,**将人(尤其是容易担心的人)的期待值设定得比较低,结果他们的命中率反而提高了**。

任何事情都难以乐观面对的人,事前做悲观性预测也是获得好结果的一种战略。"这个工作很难啊""我可能做不好吧",实际上,**意识到工作的难度,反而可以让人把注意力集中起来**。

实施这个战略,也有一定的方法。首先,在设定目标之后,先考虑:"为什么实现这个目标有难度?困难的理由有哪些?"把所有可能导致失败的原因都想出来,并写下来。

接下来,针对每一个失败理由,设想解决它的办法,这样就可以顺理成章地推导出行动计划。"解决了这个难题,就离成功更近一步了",一步一步设计攻克难题的方法,会让人心中燃起希望。

事实上,我也是一个容易担心的人,每次在开新讲座之前,我都会和团队成员一起分析:"如果这次演讲不成功,问题可能会出现在哪些地方呢?"比如,门票金额、时间安排、会场引导、会场布置……我们会不厌其烦地把所有细节上可能出现的问题捋一遍。把担心的事情具体化、可视化,应对起来就没那么困难了。真正实施的时候,也不会中途放弃了。

> **根据自己的性格找到合适的成功战略。**

38 妥当性逻辑
THANK YOU FOR YOUR COOPERATION

让人知道他的行为将会给别人造成什么样的影响

为了让医院里的医生和护士勤洗手，研究人员在洗手池附近张贴了告示。

告示 A

干净的手，可以保护您免受病菌的侵害。

告示 B

干净的手，可以保护患者免受病菌的侵害。

结果

洗手的频率		肥皂的使用量	
告示 A	没有变化	告示 A	没有变化
告示 B	增加了 10%	告示 B	增加了 45%

（参考：宾夕法尼亚大学　组织心理学家亚当·格兰特和迪比特·霍夫曼的实验）

也就是说，如果我们把"你的行为将给别人造成什么样的影响"传达给对方，就容易引起对方的重视。

如果跟一个人说"你不这么做的话，将给你带来那样的损害"，

也就是把不利于对方的结果告诉他，对方容易先产生"为了不让我生病，就得洗手吗"之类的疑问，进而他会想"我每次也没用肥皂洗手，可是也很少生病"，然后得出"所以，我不用肥皂洗手也没问题"的结论。这种情况下，**结果性逻辑容易在对方的头脑中发挥作用**。

如果我们换一种说法，"你不这么做的话，将会给别人带来那样的损害"，**也就是把对别人的不利结果告诉他**，对方的头脑中就容易产生"为了防止患者被病菌感染，我怎么做才妥当"的疑问，进而他会想："我每次都没用肥皂洗手，但如果我每次用肥皂洗手的话，就可以减少患者被病菌感染的概率。"于是得出结论："所以，我应该每次都用肥皂洗手。"这种情况下，**妥当性逻辑容易在对方的头脑中发挥作用**。

当我们想改变一个人的行为时，上面介绍的妥当性逻辑方法非常有效。以前，我总是不守时。有一次，本应当天完成的稿子，我拖到半夜才写完。结果，第二天早上来我家取稿子的秘书对我说了一句话，就改变了我不守时的坏毛病。她不愧是一个聪明的秘书。

当时秘书对我说："我半夜也可以来您家取稿子的，所以，即使您半夜写完稿子也可以联系我。但如果有一天我不在您的公司工作了，来了新的秘书会怎样呢？她还会等您到半夜吗？如果总让秘书等到半夜，她恐怕干不了多久就会辞职吧？"我当时就意识到了自己的行为给别人带来的损害，妥当性逻辑瞬间在我头脑中运转起来，以后我再也不会把稿子拖到半夜了，都会按时完成。

> **让人知道他的行为将给别人带来什么样的影响，他就会采取妥当的行动了。**

设定目标的时候再放松一点

"我想做……""我想做到……样""我想去……"……

目标，也是一种欲求。

只要想到了想做的事，就应该把它当作一个目标。想到多少，就应该设定多少目标。

目标越多，人越清楚"自己现在应该做什么"，每天也就会过得特别充实。

不过，虽然都叫"目标"，但其中也分为让人愿意为之努力的和让人不愿为之努力的。

安东尼·罗宾曾经说过："世间原本没有缺乏干劲的人，只有怀抱让自己丧失干劲的目标的人。"我们不要等待别人给我们设定目标，要自己设定适合自己的目标，这样，人生才能掌控在自己手中。

那么，什么样的目标才能激发出我们的干劲呢？

不需要任何努力、不必下功夫就能实现的目标。无法让人内心产生跃跃欲试的冲动，这样的目标最要不得。

但这也并不等于说，设定很高的目标就一定好。如果一个目标超出了自己现在的能力，那也无法激发出人的干劲。最终，这个目标只能保存在心中，成为自我陶醉的一剂麻醉药。

要问设定什么样的目标才合适，我心中的一个衡量标准是"如果所有事情都进展顺利的话，自己能做到目标的什么程度"。如果判断自己通过努力，可以实现它，那它就是一个合适的目标。

设定目标的效果：在什么情况下才能发挥到最大？"使劲伸手就

可以够得到"是最佳的答案。

在朝着目标努力前行的过程中，如果能够持续感觉"再努力一点、再努力一点就行了"，那人就有不断去努力的动力。在一次又一次战胜困难、取得阶段性成果之后，距离最终的目标就会越来越近，而此时，人的动力也会越来越强。

也就是说，"设定目标不是为了改变自己未来的状态"，而是"为了让自己现在的心情和行为更加积极"。所以，如果在实现目标的过程中遇到困难想要中途放弃的时候，给自己加压，或别人给自己加压是没有意义的。比如，很多人此时会想："之前我已经把自己的目标当众宣布了，如果不实现就太丢人了。"这种给自己加压的做法，并不会取得长期、持续的效果。

如果您在实现目标的过程中丧失了可能实现目标的感觉，并为此烦恼不已，就要放弃的时候，该怎么办呢？这时可以为自己设定一些绝对能够实现的小目标。通过实现它们，让自己获得小的成就感。小成功的经验可以让人产生自信。对自己的认同、肯定，也许会让您产生继续挑战下去的动力和勇气。

在实现目标的过程中，要反复在头脑中想象："目标实现的时候，自己是个什么样子。"想象最终实现目标的状态，可以激发我们上进的动力。不要把精力放在纠结实现目标的手段上，按照预定方案去做就是了。

当您遇到困难，烦恼不已的时候，也许解决问题的方法就在您的身边，不要放弃，静下心来仔细思考一下，办法总比困难多。

总而言之，朝着目标努力，是一种非常积极又富有创造性的行为。

39 计划的误差
NOW OR NEVER

现在能做的事情，现在马上就做

研究人员让大学生们预测自己完成毕业论文的时间。
结果大学生们的平均预测时间是 33.9 天。

结果

比预测时间提前完成毕业论文的学生不到三分之一。实际上，全体受验大学生完成论文的平均时间为 55.5 天。

（参考：加利福尼亚大学　斯德法诺·德拉·必捏等人的实验）

也就是说，人对自己完成任务的时间有过于乐观的预测。
当我们预测完成一项工作的时间时，容易忽略突发性事件、每月一次的身体不适、地铁晚点、天气异常等自己无能为力的状况。

自己的事情和别人的事情 40
YOU DO IT I DON'T DO IT

给别人提供意见的时候，最好站在对方的立场思考

研究人员对大学生毕业之后的预期出路进行了调查。

下面两条出路，你会选哪条呢？

（1）通过长时间准备的稳定工作。虽然一开始会比较辛苦，但将来肯定会获得高收入和一定的社会地位。

（2）一直保持兴趣的创造性工作。收入和社会地位不一定有保障，但能从中获得充实感。

结果，有66%的学生选择了（2），一直保持兴趣的创造性工作。

研究人员又问大学生们："你们的亲朋好友有什么建议？"

结果，有83%的大学生说："亲朋好友建议我选（2）。"

（参考：罗拉·克雷和理查德·冈萨雷斯的实验）

也就是说，对于自己的事情，人倾向于选择稳定。但如果是对别人提供建议，则多半会说"不管做什么，将来不后悔就好"。

人对自己的行为负责是一件非常重要的事情。但是，如果总是扛着责任的重压，人生也就没什么意思了。"我想做，但是很没意思。"这就是责任优先的结果，也是人对自己经常采取的态度。但如果为别人提供建议的时候，多半会说："你想做吗？那就去做吧！"

41 点和领域
MAXIMUM AND MINIMUM
最大和最小

研究人员让受验者猜测一个著名女演员的收入。

A 组

让受验者推测一个金额的范围，
结果，61% 的人猜测失败。（明星的收入不在他们的猜测范围内。）

B 组

在受验者猜测收入金额的时候，让他们考虑明星收入的最大值和最小值，结果，96% 的人猜测成功。（明星的收入在他们的猜测范围内。）

（参考：杰克·索尔和约书亚·克雷曼的实验）

也就是说，在猜测一个结果的时候，先考虑最大值、最小值或最好、最差，结果更容易猜中。

有考虑最大值、最小值习惯的人，往往会把最大值与最小值的中间值当作猜测结果。而这个结果往往比较接近真相。在设定目标和风险控制中，这种思维方式非常有用。

目标与持久力 **42** Chapter 3
IF IT'S NOT THERE, IT WILL NOT EXIST.

尽量将目标设定高一点

研究人员问受验者："如果让你做杰克跳 50 次，你觉得自己大概在跳了多少次之后开始感觉疲劳？"

↓

结果大多数人回答是："30 次左右吧。"

研究人员问受验者："如果让你做杰克跳 70 次，你觉得自己大概在跳了多少次之后开始感觉疲劳？"

↓

结果大多数人回答是："50 次左右吧。"

※ 杰克跳：双臂、双腿一开一合地原地跳跃练习。

（参考：哈佛大学　社会心理学家艾伦·兰格的实验）

也就是说，人在锻炼身体的时候，会预想自己在"做到三分之二"的时候感觉疲劳。

在锻炼肌肉的时候，如果教练告诉我"一组做 10 次"，那我会告诉自己"一组尽量做 15 次"。因为当我心里想着要做 10 次的时候，一般做到第 7 次就开始感觉很痛苦了。而当我心里想着要做 15 次的时候，实际做到第 10 次才开始感觉疲劳。由此可见，在朝着目标努力的过程中，人的痛苦程度是一个相对主观的感受。

为什么精英都是动机控

CHAPTER 4

第 4 章

决策更精准

DECISION MAKING

43 前景理论
CHANGE VIEWPOINT

得与失的不同视角

研究人员让受验者扮演一名大型汽车企业的高级管理人员。
假设企业面临经济危机，有可能损失 3 个工厂和 6000 名员工。
让受验者在下列计划中选择一个。

情况 1

计划 A　3 个工厂中有一个工厂以及 2000 名员工可以"获救"，得以保留。

计划 B　拯救 3 个工厂以及全部 6000 名员工的概率为三分之一，但是，完全无法拯救的概率为三分之二。

情况 2

计划 A　必定失去 3 个工厂中的两个以及 4000 名员工。

计划 B　失去 3 个工厂以及全部 6000 名员工的概率为三分之二，但是，拯救所有工厂和员工的概率为三分之一。

（参考：心理学家阿莫斯·特沃斯基和丹尼尔·卡尼曼的实验）

结果

80%的人选择了计划A。

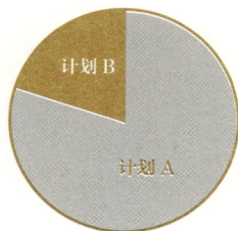

计划 B

计划 A

82%的人选择了计划B。

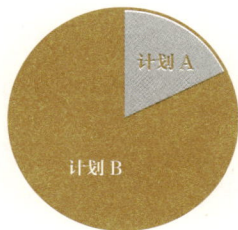

计划 A

计划 B

也就是说，得，还是失，

我们先说哪一个，就能

影响对方的选择。

该选哪一个呢？当我们面临一个选择的时候，选择的倾向并不是一成不变的。

这个时候，根据我们关注点的不同，选择的倾向也会发生变化。

当人的关注点在"我能得到什么"的时候，做决定就容易避免有风险的选项。

而当人的关注点在"我将失去什么"的时候，因为是为了尽量减少损失，所以多少冒一点风险也没关系。

前面实验中的情况，没有哪一个选项是绝对正确的。面对类似情况的时候，最重要的是找到自己想要去的方向，也就是一个"出口"。

我们做一项工作，如果已经投入了大量时间、花了很多资金、付出了很多精力、涉及很多人、反复出现了很多次错误又纠正……这个时候，我们就容易执着于其中而不愿放弃。

当我们想到这项工作可能带来的利益时，即使工作和自己当初想象的不太一样，也不会轻易放手。

但是，在做与自己想象的不太一样的工作时，也会损失一些东西，比如别人对自己的信任感、自己的自尊心等。考虑到这一点，也许您就应该想一想，是可能得到的利益重要，还是已经付出的辛苦重要，然后再决定是继续还是放弃。

"已经付出的努力"重要还是"工作成果带来的利益"重要，在思考这个问题的过程中，也许您就能发现自己做这项工作真正的、最终的目的。

> **做一项工作，应该从得与失两方面去考虑，然后再做决定。**

44 情报的偏差

LISTEN TO IT FROM OTHER PEOPLE

听取双方的信息

研究人员将受验者分成 3 组，分别让他们对一场诉讼进行判断。

A 组受验者

只听被告方律师的讲述。

B 组受验者

只听原告方律师的讲述。

C 组受验者

听取原、被告双方律师的讲述。

结果

A 组受验者

大多数认为被告方是正确的。

B 组受验者

大多数认为原告方是正确的。

C 组受验者

与前两组相比，C 组受验者中敢于充满自信地说哪一方是正确的人很少。

（参考：心理学家阿莫斯·特沃斯基等人的实验）

也就是说，掌握的情报越多，做判断时越不容易出现偏差。

职场是一个很复杂的地方，因为每个人的价值观、道德观都不一样。哪些是好的、哪些是坏的；哪些值得珍惜、哪些应该舍弃，每个人都有不同的看法。

所以，在工作中也常会出现意见无法统一的情况。

当一个团队中出现多种意见的时候，那么团队领导者到底该怎么办呢？

说实话，并没有一定之规。我只有一句话奉劝领导者："不要在心中评判团队成员的意见。"

如果领导者在心中评判别人的意见，那么从那一瞬间起，领导者就失去了对别人的影响力。

即使团队成员的意见和自己头脑中设想的图景不符，也没关系，也不要进行评判。只需问一句："你的理由是什么？""为什么？""你觉得怎么做更好？"然后倾听他们的诉说。

像这样不加判断的倾听，可以让团队成员说出自己的心里话。听得越多，领导者应该越无法判断哪种意见更正确，但这样正好。

领导者在倾听的过程中，可能会觉得每种意见都不错、都挺正确，这样最好。此时，领导者没有必要下结论，只需静待大家的讨论，让团队成员得出最终结论。领导者带上耳朵倾听就够了。

> **团队领导者不要急于做决定，只听取成员的意见就行了。**

45 体验中的自己与记忆中的自己
I WILL GO A DIFFERENT WAY

选择不合理的事情

研究人员把专用手机发到受验者手中，让他们使用几周时间。

在这几周时间里，研究人员会不定期地给受验者发短信或打电话进行询问。

询问他们当时的"幸福感"如何？

通过不定期的、多次的调查，研究人员发现，人的幸福感并不是当时当地的"状态"，而是具有一种长时间持续的特征。

体验中的自己　　　　　　　　　**记忆中的自己**

现在我要去旅行　　　　　　　　　　现在超级艰难

现在你
幸福吗？

幸福！

快乐！

当时虽然超级艰难，

但已经过了那段艰难期，

真幸福！

结果

体验中的自己

通过现在的感受，体验到的幸福感。

比如，一切按照预期，顺利进行的旅行带

来的快乐感。

⬆

哪个更幸福呢？

⬇ 这里!

记忆中的自己

经历了痛苦的事情，回过头来反思的时候，

感觉"有这样的经历真好"，

从而获得的满足感、幸福感。

比如，工作中卷入麻烦，没有按照预期去旅行，度过这样的经历

后获得的幸福感。

回顾过去的时候，持续地感到幸福的感觉，

就是"记忆中的自己"。

（参考：行为经济学家丹尼尔·卡尼曼的实验）

也就是说，人可以过稳定、舒适的生活。但是，当人回顾过去的时候，如果觉得"那个时候真是太艰苦了，但已经过去了，那真是一段不错的体验"，就会更加幸福。

上学的时候，我曾问自己这样一个问题：

"10 年之后，当我回顾现在的时候，我会为学生时代没做什么事而感到后悔呢？"

结果，当时我在笔记本上写了一句："如果没有尝到失败的滋味，我会后悔。"

每次看到笔记本上写的那句话，我都会产生强烈的"创业欲望"。而实际上，我也开始了创业。

创业，谁都可以创，但真正困难的是开始创业之后发生的事情。人会反复经历失败，多次品尝备受打击的滋味，也不知多少次产生"就此放弃"的念头。对我来说，10 年过去了，回头再看这 10 年经历的事情，我深深地感到一种幸福感。这 10 年的每一天，都是无比满足的。

人对于"幸福感"这种东西，是会自己欺骗自己的。如果一个人每天都生活在稳定、舒适的环境中，他会在短期之内认为自己是一个幸福的人，但时间一长，就容易出现"审美疲劳"或者叫"身在福中不知福"了。

也就是说，如果人的生活中一直没有遇到困难、紧张、变化的情况，人就会觉得**"现在快乐是快乐，但总觉得自己还能多做点什么似的"。而且，久而久之，这种感觉甚至会变成一种折磨，让人怀疑自己现在是否真的幸福。**

您现在处于一种什么样的生活状态？

自己想做的事，能去做吗？能做好吗？

请您带着一丝自律的意味思考一个问题："今年年终的时候，您会觉得自己在这一年中能完成自己当初想做的事情吗？"

想做的事情，应该是"想做而且能做到的事情"。一旦有自己想做的事情，就应该把它列入自己的计划之中，并详细注明"具体实施时间"，这一点很重要。

总而言之，当您面对一件自己想做的事情，但又纠结自己能否做好的时候，那就大胆去做，多半是不会出错的。也许会遇到很多苦难，但最终您绝对不会后悔，也能在回顾过去的时候体会到更大的幸福感。

与其平平淡淡、安安稳稳地过日子，不如去追求更加刺激、充满挑战的体验。

> **迷茫的时候，就选择比较难走的那一条路吧。**

46 情报处理的特性

IT IS IMPORTANT TO BE EASY TO REMEMBER

缺点要说尽，优点则尽量少说

研究人员曾以企业经营者为对象进行了一项实验。

研究人员让他们说出自家公司的强项。

然后让他们给出自己作为一名企业经营者的幸福指数。

研究人员让 A 组经营者

列举自家公司强项 3 个。

研究人员让 B 组经营者

列举自家公司强项 12 个。

研究人员让两组经营者来给自己作为一名经营者的幸福指数打分，满分为 10 分，看他们都给自己打了多少分。

结果

A 组经营者的平均分比 B 组经营者要高出 2.5 分。

（参考：一位经营顾问的实验）

也就是说，人的认知有一种倾向：轻易想起来的，容易被当作是对自己重要的。

人在思考问题的时候有一种特性，**"能够简单想起来的"，容易被当作重要的**。有一种消除烦恼的方法就是"当您烦恼的时候，请思考一下烦恼的理由，并尽量把所有理由都罗列出来写在纸上"。其实这样做在心理学上是极有道理的。当人开动脑筋把自己所有的烦恼理由都罗列出来，再也想不出还有什么值得烦恼的时候，烦恼本身也就变得不那么容易想起了，于是也就不把它当作一回事了，人的思路也会变得积极很多。这只是第一步，一旦人能从烦恼中解放出来，就会开始思考解决烦恼的具体办法，并着手去实施。

"不能简单想起来的事情，就是不重要"的这种思维特质，其实可以应用于我们生活的很多领域。

比如在商业谈判的时候，**如果我们首先把己方的缺点和问题一股脑全部讲出来，对方就难以再想到其他什么缺点和问题了**。这样一来，对方就会下意识地感觉我们的缺点和问题并不那么重要，他们甚至会自觉地把焦点放在我们的优点和长处上。

在开会讨论新创意的时候也是如此。如果所有人都把自己心里所有的创意都讲出来，最后大家讨论来讨论去，会觉得似乎每个创意都缺乏新意，都没什么价值。反过来，如果只允许列举有限的几个创意，那就更容易找到最佳的创意。

> **在进行讨论的时候，应该趁着大家都清醒的时候适时打住。**

47 错误共识效应
I AM THE MAJORITY

关注自己和对立一方的中心点

研究人员以学生为实验对象，向他们提出两个问题。

问题 A：你现在拥有手机吗?

问题 B：你觉得你们班有百分之几的同学拥有手机?

结果

回答"现在拥有手机"的学生，估计全班拥有手机的同学占 65%。

回答"现在没有手机"的学生，估计全班拥有手机的同学占 40%。

而实际上，全班拥有手机的同学占 50% 左右。

（参考：芝加哥大学　乔治·吴的实验）

也就是说，人们容易认为别人的价值观和自己一致。

市场调查的基础是从"顾客""竞争对手""自家公司"3点出发，考察该提供什么样的商品或服务。一家企业应该调查顾客的需求，研究竞争对手的商品或服务，再结合自家公司的强项，进行商品或服务的设计开发。

其中最难的一点就是找准"顾客的需求"。即使根据顾客问卷调查的结果，设计开发出新的商品或服务，推向市场后也不一定真能获得顾客的好评。因为"顾客想要的东西"只有变成具体的、可以看得见摸得着的实物时，才能真正成为"顾客想要的东西"。而顾客的意见，并不一定准确。

"顾客的需求"为何会如此神秘？前面的实验也许可以给我们一些启发。**也就是说，人容易形成一种自以为是的固定观念，即"我所拥有的东西，大家可能都有"。另一方面，"自己没有的东西，别人应该也没有"。**

而实际上，正确答案往往在两种相反观点的正中间。鉴于人们的这种认知倾向，我可以建立一种假说，即"市场需求往往在两种相反意见的正中间"。自己不喜欢的东西，如何让自己变得喜欢；另一方面，自己喜欢的东西，如何让不喜欢的人变得喜欢。通过反复思考这个问题，寻找自己与对立一方的中间点，没准就能发现新的市场需求或商机。

> **开发新商品或服务，应该从"怎样才能让人喜欢"出发。**

48 诱饵效应
DO NOT BE FOOLED BY A DECOY

选择的时候，不要受比较对象的影响

研究人员以大学生为对象，让他们看一份推销杂志的广告。

$59　$125　$125

这本杂志的 Web 版为 59 美元；
印刷版和 Web 版套装为 125 美元。

研究人员对 100 名看过这则广告的大学生进行问卷调查，看他们会选哪一种订阅方式。

结果

选 59 美元 Web 版的有 68 人；
选 125 美元印刷版和 Web 版套装的有 32 人。

但是，当研究人员给广告中增添一个选项——125 美元印刷版——之后，
选 59 美元 Web 版的有 16 人；
选 125 美元印刷版的有 0 人；
选 125 美元印刷版和 Web 版套装的有 84 人。

（参考：杜克大学　行为经济学家丹·阿里的实验）

也就是说，我们在评价一个事物的时候，会受关联事物的影响。

我们在做选择的时候，都有"选择更划得来的一方"的倾向。

出于这样的原因，有些选项如果单独摆在我们面前的时候，我们可能根本不会选择它，但如果同时出现了一个比较选项，而且这个选项明显是不划算的，那我们很可能会选之前那个选项。也就是说，原本不会选的选项，在一个更不划算的陪衬之下，竟然成了我们的首选。

在前面的实验中，"125 美元印刷版"就是一个明显不划算的选项。但加入这个比较选项之后，原本高价、少有人选的"125 美元印刷版和 Web 版套装"就摇身一变成了热门选项。

这种营销手法在我们的日常生活中随处可见。比如，您去健身中心办健身卡，销售人员告诉您："办 3 年卡比 1 年卡，折扣更大。"您会怎么选择？此时，很多顾客都会被"折扣更大"冲昏头脑，不去想自己能不能坚持那么久，而是单凭"划算"就选了 3 年卡。

再举个我身边的例子，我有一个好朋友开了一间酒吧。以前，他们的酒单中只有 500 日元一杯和 700 日元一杯的两种啤酒，那时有七成的顾客会点 500 日元一杯的啤酒。后来，店主无意之间在酒单中加入了一种 1000 日元一杯的高档啤酒，结果 700 日元一杯的啤酒成了销量最多的啤酒。那位店主也很惊讶，他并没有故意引导顾客消费更贵的啤酒，但顾客却轻易花了更多的钱。

通过巧妙地给顾客展示比较对象，可以控制他们的判断标准。所以，当您站在消费者的角度，面对好几个选项的时候，一定要静下心来，一个一个单独地审视每个选项。在审视每个选项的时候，心中要有一个前提，那就是："只有这一个选项的时候，我的感受是什么？"

所以，在做选择的时候，不要把"划不划得来"作为判断标准，而应该**把这个商品或服务对自己有什么影响当作判断标准**。

> **当您面临选择的时候，一定提防"诱饵效应"。**

49 计划与诱惑
MAKE A WORK PLAN

制作自己的计划书

研究人员扮演超市售货员，随机地选择顾客，问他们一句："您肚子饿吗？"然后观察他们的购物倾向。

A 组顾客

回答"饿"的顾客。

B 组顾客

回答"不饿"的顾客（特意送上一块小松饼）。

观察发现，A 组顾客最终还购买了冰激凌、薯片等计划外商品。

第二次实验，让顾客在进入超市购物之前，先列一个"购物清单"。结果，不管 A 组还是 B 组顾客，基本上都没有购买计划外的商品。

（参考：弗吉尼亚大学提姆·威尔逊和哈佛大学丹·吉尔博托的调查）

也就是说，没有计划的话，人抵御诱惑的能力就比较低。

逛超市的时候，如果只把想买的东西"记在头脑中"，那么中途容易受到意外的诱惑，购买计划外的商品。因为人容易受气氛的影响，把不需要的东西误以为是必需的。当事后清醒过来的时候，往往会后悔，该买的没买，不该买的却买了一大堆。但**如果去购物之前先列一个商品清单，就可以减少很多冲动消费的情况**。

我们每天的工作计划也有类似的作用。可能每个朋友都曾烦恼过，每天下班的时候总感觉"今天我也忙东忙西没闲过，但工作似乎没什么进展啊"。对于有这样烦恼的朋友，我建议您每天早上开始工作的第一件事是把今天要做的工作写在纸上，列一个"工作计划清单"，然后把它贴在办公桌最显眼的地方。当我们把该做的工作一条条清晰地写在纸上后，就不容易受随时出现的"意外情况"干扰，也就能够按照预定的节奏完成自己的工作。

不仅仅是一整天的工作计划，我还会根据情况，**给一些零散时间制订计划**，比如"乘地铁的时间""从地铁站回家的路上""睡觉之前的时间""工作间隙的 15 分钟休息时间"等，我都会事先为它们制订计划。

周末休息日、没有任何预定的日子，我依然会按照计划行动。得益于这个习惯，我从来不会感觉不知所措、无所事事。

当我们一项一项完成计划中的工作时，就不容易受外界刺激的干扰，从而度过充实的一天又一天。按照计划行事，就不会为这个必须做、那个也不能落下而焦虑不已，内心更加稳定，注意力也就更加集中，做事情的效率也会更高。

享受制订计划的美好时光。

50 被引导的服从
YOUR BOSS SHUT UP

不要急于给部下提供建议

研究人员给接受实验的大学生戴上 MRI 装置（测定大脑活动的仪器），然后让他们在下列两种行动中做出选择。

1. 领取报酬。
2. 掷骰子，有可能增加报酬，也可能减少报酬。

对 A 组受验者

让他们马上做出决定。

对 B 组受验者

一位经济学家建议他们："马上领取报酬走人。"

结果

A 组受验者

负责做决定的大脑中枢神经非常活跃。

B 组受验者

负责做决定的大脑中枢神经几乎没有工作。

领钱走人？
还是掷骰子，
可能增加报
酬？

那就领
钱走人。

领钱走人最保险。

（参考：埃默里大学　神经经济学家格雷格·伯恩斯博士的实验）

———————————————————

也就是说，当人面临做决定的时候，如果有一位地位较高的人提供了建议，那人就会停止自己思考。

提供建议的时机非常重要。

如果在对方做出决定之前就给他正确的答案，他立刻就会停止思考。不但如此，他还会把别人的正确建议误认为自己做出的选择。

只知道答案，并不一定能够理解得出答案的过程。"知其然而不知其所以然"会害了一个人，因为当再次遇到问题的时候，他可能依然没有办法自己解决。

为了培养出善于自己思考、自己解决问题的部下，作为地位较高的人，**在为部下提供建议之前，应该先给他自己思考的时间和空间**。

如果部下问您："该怎么办呢？"您可以反问他："你觉得怎么办才好呢？"

先听听部下的想法，如果他的想法和自己的一致，那让他按照自己的想法去做就是了。如果部下的想法和自己不一致，或者认为部下的想法是错误的，那应该指导他，还有 B 方案、C 方案等多种方法，让他自己再次进行思考、选择。

总而言之，对上司来说，重要的是让部下自己选择该怎么做。

部下通过自己的思考找到答案，就能掌握解决问题的方法，日后再遇到类似的问题，就完全能够自行解决了。也就是说，要培养具有独立思考、独立行动能力的人才，而不是事事都需要照顾的"巨婴"。

> **提供帮助之前，先听听对方的想法。**

51 创造性的不可思议之处
LET'S FORGET FOR A WHILE

休息一会儿再做决定

研究人员让受验者想象自己"购买汽车时的场景"。

A 组受验者

买哪种汽车？让他们立刻决定。

B 组受验者

给他们几分钟考虑时间，然后让他们决定购买哪种汽车。

C 组受验者

等他们考虑一番之后，先让他们的头脑暂时离开买汽车的事，给他们一些和买车无关的课题（做些简单的游戏等），告诉他们可以推迟做决定。经过一段时间之后，再让他们决定买哪种汽车。实验结束后，让受验者反思自己选择的车型。

结果

B 组受验者比 A 组受验者的满意度稍高一些。
而 C 组受验者的满足度远远高于 B 组受验者。

（参考：卡耐基梅隆大学　神经科学家迪比特·克雷斯维尔的实验）

也就是说，推迟做决定的时间，让人更容易找到合适的答案。

我们在用头脑思考的时候，头脑里就像有一张桌子。当我们同时思考好几个问题的时候，桌面就会变得乱七八糟。

我们的思考程序有一个奇怪的特点，当我们开始思考的时候，另外一个自己就会在一旁插嘴："这个不对，那个也不对……"也就是说，对于"自己的想法"，还有另外一个自己在一旁"思考着"。

但是，如果自己和另一个自己无法达成一致的话，就会一直纠缠不休。结果到最后，自己连原本思考的是什么都搞不清楚了。就像一辆漫无目的、只是按照轨道向前行驶的列车一样，不知道最终会驶向哪里。人在这种状态下想出的点子、做出的决定，可以说都是根据当时的气氛临场想到的，跟思考之初的想法可能会有很大的出入。

其实，**为了保持正确的思考过程，有一个最简单的方法，就是把自己最初的想法写在纸上或黑板上**。通过把"自己的想法"向外界表达出来，人就可以正常地用自己的头脑去思考自己的想法了，就可以避免另一个自己和自己"作对"了。

另外还有一种方法可以让人对自己最初的想法保持清醒，那就是让头脑暂时离开这个想法，开始思考其他事情。过了一段时间，当您的头脑再次回到那个问题的时候，就可以从客观的角度看待自己的思考过程，说不定能在一瞬间找到最合适的答案。

由此可见，推迟做决定的时间，并不一定都是坏的，有些"拖延症"也是好事。**与其执着于追寻答案，搞得自己头昏脑涨，不如暂时把目光移向别处，过段时间再来思考这个问题。**

当思考陷入僵局的时候，不如先暂时放下。

52 机会成本
WHAT DO YOU REALLY WANT？

排除其他选项的干扰

研究人员将受验者分成两组，然后让他们想象如下情景。

你通过打工攒了一点钱，你在思考该用这笔钱买点什么。你经过一家音像店的时候，突然看到一张光盘，是自己一直想看的电影，这张光盘卖 14.99 美元。

A 组受验者
（1）会买这张光盘
（2）不会买这张光盘

结果

选择（1）的人占 75%
选择（2）的人占 25%。

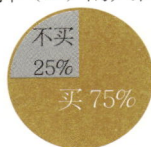

不买 25%
买 75%

B 组受验者
（1）会买这张光盘
（2）不会买这张光盘，但用 14.99 美元买其他东西

结果

选择（1）的人占 55%
选择（2）的人占 45%

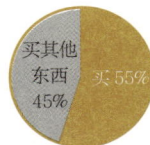

买其他东西 45%
买 55%

（参考：耶鲁大学　行为经济学家肖恩·弗雷德里克的实验）

也就是说，选项的不同表达方法影响人们的选择。

在这个实验中，隐藏着一种"行为推迟的原理"。当受验者面临"买"还是"不买"二选一的时候，4个人中有3个人选择了"买"。但是，当"不买"的选项加入"买别的东西"时，选择"买"的人就减少了将近一半。从整体上看，5个人有1个人无法再选择"买"了。

我们在工作中也有类似的情况发生。**当我们想开始做某项工作的时候，如果发现"还可以做其他工作"，那么就难以再选择"开始做那项工作"了。**

只出现了一个额外选项，就有20%的人不会选择原本该选的选项。而我们每天的工作中，会出现无数的额外选项，在无数的选项中徘徊，我们很容易放弃最初的选择。

在一项关于"选择"的研究中，研究人员发现**"现代人之所以有太多的精神压力，就是因为长期被众多的选择包围"**。即使想做的事情摆在面前，人也会想"还可能有更想做的事情呢""也许做别的事情更好"。结果，迟迟下不定决心、做不了决定，一直在纠结中浪费了很多时间。面对"眼前就有想做的事情""要做马上就能做好的事情"却迟迟难以下手的情况，是非常可悲的。所以，我建议大家遇到这种情况的时候，果断地选择想做的事情，做好再说。这样才能让自己活得充实，而不会在纠结中虚度光阴。

> **难以做出选择的时候，就强制性减少选项。**

53 无意识的模式认知
I FEEL IT TOUCHED

相信老手的直觉

研究人员给受验者挨个展示名牌手提包，一共展示 10 个，然后让他们判断这些提包是真货还是假货。

A 组受验者

每个提包给他们的思考时间只有 5 秒钟。

（判断基本凭直觉。）

B 组受验者

每个提包给他们的思考时间是 30 秒钟。

（有充足的时间观察提包的各处细节。）

结果

家里拥有名牌提包的受验者的情况，A 组受验者的正确率比 B 组受验者高 22%。

家里没有名牌提包的受验者的情况，B 组受验者的正确率比 A 组受验者稍微高一点。

（参考：艾瑞克·戴恩的实验）

也就是说，当无意识的模式认知能力很强的时候，"直觉"会战胜"分析"。

当人陷入恐惧状态的时候，会想尽快消除恐惧感。而且，为了防止再次陷入被恐惧笼罩的境地，人会在无意识之间给自己的头脑输入一种安全的认知模式。

结果，当人预感到"哪里不太对劲""氛围不对"的时候，就会做出相应的避险行为。反之亦然，当预感到"可能有好事发生"，也会做出顺应直觉的行为。

不过，人的"直觉"是其他人看不见的东西。所以，当一个团队集体做决策的时候，大家不容易接受一个人的直觉作为判断依据。如果您告诉大家"我感觉应该这么做"，那多半会遭到众人的指责，说您偷懒、不愿思考，甚至攻击您很幼稚。

但是，在一个人做决定的时候，如果感觉"应该做"，那最好就去试试。如果感觉"可能有问题"，那最好选择回避。通过这样反复尝试，对锻炼自己的直觉大有裨益。

为了看穿事物的本质，人会努力看到很多事物的本质。**本质看得越多，人的直觉就会越敏锐**。

相信自己的直觉，有时事后会后悔。但是，只凭分析判断事物，结果也往往索然无味。所以，建议大家在做选择或决定的时候，要把分析和直觉结合起来，也许结果能给您带来更多的惊喜。

仔细观察事物，然后问问自己："有什么样的感觉？"

54 头脑风暴
BRAINSTORMING

从奇怪的想法出发

研究人员以大学生为实验对象，让他们提供新创意。题目是：就职面试时，向考官展示你设计的新商品。

A 情况

研究人员先给受验者展示了一种设计案例——3 孔活页笔记本，算是一种很常规的设计。

结果，受验者提出的设计方案多是一些很普通的创意，比如"带有特殊口袋的文件袋，可以装履历书"等。

让书店的店长和顾客对受验者的创意进行评价，结果大多是"很一般"。

B 情况

研究人员先给受验者展示了一种设计案例——旱冰鞋，在当时算是一种很新奇的设计。

结果，受验者提出的设计方案创新性非常强，比如"用手一摸就可以显示时间的钟表"等，面试官看了这些设计都赞不绝口。

从"创新性"这个角度对 A、B 两种情况下受验者的创意作品进行评价，结果，B 情况的作品好评率要比 A 情况平均高出 37 个百分点。

（参考：斯坦福大学　贾斯汀·巴格的实验）

也就是说，从离经叛道的事物出发，更容易产生新颖的创意。

在我所了解的范围内，创造出划时代设计的了不起人物中，有很多都经常被人指责："不要想那些乱七八糟的东西！"有些人甚至会在大会上突然说些奇怪的话。

周围人的不理解，甚至鄙夷、指责，正说明了他们想法的奇特性。从这些不被理解的奇特想法中，很可能诞生改变世界的伟大创意来。

也就是说，**"突然间的胡思乱想"也是创新方法之一**。读者朋友们可能听说过，一些了不起的发明家，为了搞出一项新发明，不会聚焦在一个点子上反复琢磨，他们会用一些简单粗暴的方法东拉西扯地设想很多新点子，然后从中寻找"新的起点"。结果，这种方法反而让他们更快地实现了目标。

在我们开会的时候，常会出现众人讨论一圈结果还在原地打转的情况，没有新的想法、没有新的进展。为什么会这样呢？因为在无意识之间，我们就把时间、预算、能力等束缚在了"现实"这个框架之内。

这样的时候，如果有人抛出一个"不着调的提议"，反而可以把"现实"的框架打破。众人的思路也会得到解放，在更加自由、开阔的空间中去寻找答案。所以，您的创意"朝向何方"并不重要，重要的是"从哪里出发"。

当您想不出令人激动的新创意时，不如先天马行空地想一些不着边际的东西。

看准想要的结果，增加行动的次数

当您面临做决定的时候，我建议您采取一种"OOCEMR"视角思考问题。

Outcome：即使抛开一切也要"明确自己想要的结果"。当人面临一项重大决定的时候，注意力容易被"做决定"这个过程本身夺走，而忽略了自己想要的结果。人在做决定的时候，容易被短期内可能出现的成功或失败影响。但实际上，从全局来看，这个决定将会带来什么样的长期结果、将把自己引向何方更为重要。所以，一定不要忘记自己的初衷。正所谓不忘初心，方得始终。

Option："持续不断地想到各种选项"，即"这个可以，那个也行"。当我们拥有很多选项的时候，就能提高自己对周围人的影响力。一心摸索实现目标的方法固然重要，但即使掌握了一种"正确的方法"，也只能把事情朝一个方向向前推进而已。而且，正确的方法有时并不是做决定时能知道的，需要在推进过程中逐渐摸索出来。在朝着目标推进的过程中，遇到"不知所措"的问题时，应该把自己当前能做到的事情尽量多地列举出来，有了足够多的选项，我们才有更多的选择余地，才有更多的机会，才有更多的方向。

Consequence："不管怎样，也要做出结果。"在做一项决定的时候，我们不应该和结果的好坏挂上钩。做决定的意义在于增加自己行动的次数、增加结果的数量。获得一个结果之后，不管好还是坏，我们都可以以此为基础走得更远。如果是好结果，我们可以继续发扬；如果是坏结果，则可以吸取教训，加以改善。我们要谨防因结果的好坏而引起的一喜一忧。结果，不管好与坏，都是下一阶段继续努力的起点。

Evaluate："对结果进行评价。"我们这一阶段的行动所取得的结果和我们"最终想要的结果"还有多远的距离，这是需要时常进行审视、评价的。如果说一项决定是失败的，那并不是说按照这个决定的行动进展不顺利。因为不管多么优秀的领导者都可能在行动中遇到不顺利的情况，甚至造成损失也屡见不鲜。毋宁说，优秀的商务人士和平凡的商务人士之间的区别，就在于前者的行动量和挑战次数更多，因此，他们的失败量也更多。由此可见，不失败，或失败少，并不等于说这个人就优秀。一项决定的失败，在于"无法从失败中学到任何东西"。

Mitigate："减少负面影响。"如果您是一个团队的领导者，应该经常和团队成员敞开心扉地探讨："如何才能减少当前这个选择的负面影响？"任何一个选项，肯定都有自己的负面影响。不过，虽说是负面影响，但并不意味着它就是不好的。在我看来，这样的负面影响就像一块磁铁——把新创意吸引出来的磁铁。通过和团队成员讨论"如何弥补负面影响"，更容易产生出富有创意的点子。

Resolve："规定一个截止期限。"在做一项决定的时候，事先收集必要的情报固然重要，但我觉得最重要的并不是这个，我们首先该做的事情是为执行这项决定设定一个截止期限。也就是说，应该当场确定："由谁来做，怎么做，做到什么时候。"不管事先收集多少相关情报，都不能提高一项决定的质量。在行动的过程中，我们会遇到很多计划外的情况，事前的准备不能应付所有临时情况。所以，与其充分准备之后再行动，不如先给行动设定一个期限，以督促自己马上付诸行动，在行动过程中随机应变，见招拆招。

55 价格与价值
DO NOT BE DECEIVED

定价犹豫不决的时候，索性把价格定高一点

研究人员请所有受验者品尝同一种红酒。

研究人员告诉 A 组受验者

"你品尝的这种红酒一瓶 45 美元。"

研究人员告诉 B 组受验者

"你品尝的这种红酒一瓶 5 美元。"

结果

品尝结束之后，研究人员请受验者谈谈对红酒的感受。结果，A组受验者对这种红酒的评价远远高于 B 组受验者。

而且，通过测试还证明，A组受验者脑部掌管喜悦的部位更加活跃。

（参考：加利福尼亚工科大学　神经经济学家安东尼奥·兰格尔的实验）

也就是说，价格便宜的商品容易给人带来"便宜"的感受，而价格昂贵的商品则容易让人体验到"昂贵"的感受。

我们大部分人都有一种根据价格判断价值的倾向，所以在给商品定价的时候，并不是越便宜越好。如果您对自家商品或服务充满自信的话，为了促进销售，不妨给其定价高一些。这样更有助于消费者对该商品或服务做出符合其价值的评价。

领袖气质 56

PEOPLE BECOME LEADERS

不管怎样，会议上争取第一个发言

研究人员找到一些互不相识的学生作为实验对象，把他们 4 人编成一组，编了 10 组。然后让每一组学生在组内讨论解决一个数学问题。（对每组讨论的过程进行了录像。）

A 组受验者

让他们在各自组内选一名领导者（组长）。

B 组受验者

给他们观看其他组讨论问题的录像，然后问他们："看哪个人像领导者？"

结果

B 组选出的领导者和 A 组选出的领导者几乎一致。

为什么会有这样的结果呢？让我们来分析一下"被选出的领导者的特征"。

他们并非数学能力最强的人。

共同之处是他们都是各组第一个发言的人。

顺便说一句，各组最终给出的答案，有 94% 都是领导者最初提出的那个方案。

（参考：加利福尼亚大学　卡梅隆 · 安德森和盖宾 · 吉尔达夫的实验）

也就是说，团队里第一个发言的人，发言内容说服力更强，更容易成为团队领导者。

　　在日本孩子中有句俗话："谁先提议谁先做。""最先发言的人，更容易成为领导者"的倾向，其实不仅适用于孩子，也适用于成年人。我们容易无意识地信任、服从那些自信满满又积极主动的人。但是，那样的人并不一定具备相应的能力。所以，有的时候我们也需谨慎一些，不要盲信那些自信的人，要多花点时间仔细观察，寻找那些真正有能力成为领导者的人。

成长 57
I WILL CHANGE NOW

把"现在开始也不晚"当作口头禅

研究人员将找到 90 名受验者,将他们 3 人编为一个团队,共编了 30 个团队。

A 组受验者

都认为"自己团队中的成员都具有管理能力,没有缺乏管理能力的人"。

B 组受验者

都认为"管理能力是随时可以提升的"。

给这些受验者一个模拟经营的课题,让他们讨论解决。随着时间的推移,B 组受验者的成绩逐渐变得更好。

另外,在面临做决定的时候,两组受验者表现出了不同的特征。A 组受验者把更多的注意力放在了自己更优秀还是队友更优秀上,虽然也能提出方案,但害怕别人的质问。

B 组受验者则能在团队之中坦率发表意见,遇到不同意见时,也会毫不犹豫地提出自己的反驳。

（参考：罗伯特·伍德等人的实验）

也就是说,如果团队领导者拥有"能力可以提高"的思维模式,

那么团队成员就可以发挥出思考的力量。

如果相信"自己可以成长"，也就会相信"周围的人也可以成长"。那么，领导者就可以在团队中不问成员的经验、年龄，不带任何偏见地广泛听取意见。结果显而易见，这样不仅可以得到更多的建设性意见，还可以促进全体成员的发展，提高团队的战斗力。

印象与本质 **58** Chapter 4
IT DIFFERS FROM THE IMPRESSION

初次见面的印象只能作为一个参考

一所大学的研究生院面向社会进行招生，有 800 名大学生报名。校方对这 800 名学生一一进行了面试，按照面试成绩，录取了排名靠前的 350 名大学生。

后来，由于种种原因，要紧急增加招生 50 名。这次，校方从上次面试成绩排名第 700~800 名的学生（面试成绩不佳的学生）中，选择了 50 名，将其录取。

结果

研究人员对这些学生从入学到毕业的整个期间进行了跟踪调查，当将面试成绩靠前的 350 名学生和面试成绩靠后的 50 名学生进行对比时，发现无论从成绩、毕业率还是社交能力等方面，两个群体并没有明显差异。

（参考：心理学家罗宾·杜兹的实验）

也就是说，我们常常根据第一印象判断一个人的全部，但实际上第一印象并不能说明全部。

上面的实验仅是一个例子，也许不能说明一切，但面试时，面试者给考官的第一印象并不能完全等同于这个人的全部能力和理想。面试中给考官留下好印象的人，只能说明他的面试技巧高，并不能说明他的工作能力就一定强。

为什么精英都是动机控

CHAPTER 5

第 5 章

人际更顺畅

PERSONAL CONNECTIONS

59 回报性原理
I AM INTERESTED IN YOU

我们应首先对别人表示好意

研究人员将受验者两人编为一组，让他们参加一项实验。
一组中的两个人，一名是真正的受验者，另一名是研究人员事先安排好的"托儿"。
实验前，研究人员让受验者悄悄地讲述自己对同一组中另一人的印象。

情况 A 中的受验者

在实验中间的休息时间里，托儿去买来两瓶可乐，一瓶送给同组受验者，并对他说："我也给你买了一瓶。"

情况 B 中的受验者

在实验中间的休息时间里，托儿不做任何表示亲近的行为。

实验结束后，托儿向同组的受验者提出一个如下请求：
"实际上我现在想买几张彩票，大奖是一辆新车。一张彩票 25 美分，你能帮我买几张吗？越多越好。"

结果

情况 A 下的受验者比情况 B 下的受验者给托儿买的彩票数量要多一倍。
而且，实验前受验者对同组托儿的好感度，与他给对方购买的彩票数量，没有关系。

（参考：心理学家德尼斯·李根的实验）

也就是说，当别人为自己做了什么事情之后，我们都会产生回报对方的欲望。而且，这与彼此之间的好感度没有关系。

当别人为我们做了什么事情之后……

我们都不想被看作不懂礼貌、不懂感恩、忽视别人好意的人，所以总想为对方做点什么以示报答。这种心理就叫作回报性原理。

我们通过给别人物品、信息、介绍有用之人给对方认识，也可以表达我们对这个人的关心。有的时候，我们并不想获得对方的任何回报，但对方心里却会产生"亏欠"情绪，"想为我们做点什么"。这种感情上的一来一往，对于加深关系、增进友谊是非常有帮助的。

无论在工作中还是生活中，我们首先为别人"做些什么"，以展示自己的好意，都是构建稳固人际关系的基础。

但从接受别人帮助的一方来说，也存在一个"器量"的问题。

对于别人的好意，马上一一加以回报，能让人觉得这是一个知恩图报的人、遵守礼仪的人。但同时，也多少给人一种"小器"的印象。一一回报，是不想亏欠别人什么，有这种心理的人，往往也不喜欢别人亏欠自己。

所以，当别人帮助我们或送东西给我们的时候，只要合情合理，我们就应该在表示感谢的同时大大方方地接受。至于回报，那是应该的，但也许不必马上有所行动，当对方需要帮助的时候，再雪中送炭不是更好吗？有了这样的度量，人生会变得从容容容、落落大方，也会交到更多的朋友。

另外，我们帮助别人，不应该期待别人的回报，不期待就不会失望。

毫不吝惜地付出，大大方方地接受。

60 模仿效应
TAKE THE SAME ACTION

认真地一字一句模仿

研究人员在餐馆进行了一项实验。

实验对象是来餐馆就餐的客人，而服务员都是研究人员事先安排好的。

A 情况的服务员

当客人点菜之后，服务员把客人点的菜一字一顿如实地重复一遍。

B 情况的服务员

当客人点菜之后，服务员在重复客人所点菜名的时候，稍微改变了一些说法。

结果

A 情况下的服务员获得的小费比 B 情况下的服务员多 70% 左右。

好感度

（参考：社会心理学家亚当·加林斯基的实验）

也就是说，当我们模仿对方的行为或癖好时，对方容易对我们产生好感。

（但如果让对方看穿我们有意模仿他，反而会招致反感。）

人类能够进化到今天的地步，人与人之间需要高度的相互理解。于是，在漫长的进化历程中，我们掌握了一些能力。比如，为了找到值得自己信任的人，我们就会对"和自己相似的人"特别敏感。因为这样的人往往更值得信任。

当您和人面对面谈话的时候，不妨做个小小的实验。谈话过程中，您可以不经意地挠挠头，看对方会不会也挠挠头。您也可以故作思考而把双臂抱于胸前，看对方会不会也抱起胳膊。您也可以拿起桌子上的杯子喝口水，看对方会不会也不经意地拿起水杯来。**通过观察对方和自己同步的程度，就可以判断出自己当前对他的影响力有多大。**

人与人之间若要建立相互信任的关系，行为上的同步同调非常重要。但也有人讨厌与别人的行为同步，那是因为自尊心作怪。这样的人大多执着于自己的感情、感受。当然，这也并不全是坏事，这是保持个性的基础。不过，在保持个性的基础上，偶尔与别人采取同步行为，也不失为一个有趣的尝试。大家聚餐时，举杯齐呼"干杯"的瞬间，就是一个典型的同调行为，也是增进彼此信任关系的有效行为。

用实际行动表现自己对别人的关注。

61 多路并进
LET'S SUBMIT SOME PATTERNS

多提供几个选项

研究人员找人扮演客户，委托设计师帮忙设计网页横幅广告。

A 情况的设计师

研究人员告诉设计师每次只提供 1 个设计方案，
然后请客户审查，并请他们给出指导意见。
如此反复进行 6 次。（也就是共计给客户提供
6 种设计方案。）

B 情况的设计师

研究人员告诉设计师每次只提供 3 个设计方案，然后请客户审查，
并请他们给出指导意见。如此反复进行 2 次。
（也就是共计给客户提供 6 种设计方案。）

结果

B 情况下设计师提供的广告设计方案获得客户的评价更高，实际
投放后的点击数也更多。

另外，研究人员询问设计师："客户提供的指导意见有帮助吗？"

A 情况的设计师

35% 的设计师回答"有帮助"。
但 50% 以上的设计师感觉客户更多是在"批评自己"。

B 情况的设计师

80% 的设计师回答"有帮助"。

而且，设计师认为客户提供的指导意见让自己的信心大增。

（参考：圣地亚哥大学　认知科学家斯蒂文·P.道的实验）

也就是说，一开始就准备多个提案以供选择，更容易形成富有建设性的讨论氛围。

当自己接到任务要制作策划案或会议展示资料时，很多人都认为"应该把最好的方案展示给大家，这是最基本的礼貌"。

但是，如果您提出的方案只有一个的话，那就要做好后续可能不太顺利的心理准备。大家看了您的提案后，有可能认可，也可能否定。当您的提案被否定时，您的内心难免要受伤。如果上司看了，提出了很多修改意见，您又不得不重新整理、修改。当然，谁也没有恶意，上司也不是故意刁难您。原因就在于您只提交了一个方案。所以，要想让提交的一方和审阅的一方都能不那么麻烦，**最好的方法就是"多准备几个方案"**。

如果您摆在上司面前好几个方案，结果得到的指导意见可能是"这个方案最接近我的初衷，只要在××这个地方稍加修改就很完美了"，或者"把这个方案的这个地方和那个方案的那个地方整合起来，就是一份很好的方案了"。这种建设性的意见交流，给双方都省去了很多麻烦。不仅可以提高工作效率，还能让最终得出的方案有一个较高的质量。只准备一个方案，日后难免要反复修改。与其日后花那么多时间修改，不如一开始辛苦一点，多准备几个方案。最终不但节省时间，而且能获得高质量的方案，何乐而不为呢？

至少要准备 3 个方案。

62 开头效应
THE FIRST IMPRESSION IS IMPORTANT

第一次见面要全力以赴

研究人员通过语言向受验者先后介绍 A 先生和 B 先生，然后让受验者谈谈对两个人的感觉，问他们更喜欢哪个人。

A 先生

头脑聪明、勤奋、耿直、带有批判性眼光、顽固、爱嫉妒。

B 先生

爱嫉妒、顽固、带有批判性眼光、耿直、勤奋、头脑聪明。

结果

几乎全体受验者都更喜欢 A 先生。

（参考：心理学家所罗门·阿希的实验）

也就是说，首先提示的信息给人的印象更加深刻，甚至可以掩盖后续的信息。

第一印象很容易深刻地留在人的记忆中。而且，第一印象对人或事物，容易起决定性的作用。

初次见面的两个人，当时彼此之间的"第一印象"会深刻烙印在各自的脑海中。在日后的接触中，对方即使做出和第一印象不相称的行为，也不容易对第一印象造成改变，这就叫作"开头效应"。因此，从某种意义上讲，对方留给我们的第一印象，作为客观判断这个人的材料，还是不够充分的。

反过来说，我们给别人留下良好的第一印象也是至关重要的。因为太忙、太累等原因，在与别人第一次见面时就慢待对方，是非常不可取的。

我在办公室工作的时候，通常都是穿牛仔裤、T恤衫之类的休闲服装，但办公室中我也随时准备着西服套装。一旦有客人来访，我会首先换上西装革履，再与对方见面。

第一印象的作用还不仅限于人。**我们最初接触到的信息，即使只是冰山一角，也容易让我们据此来判断事物的全貌——整体印象。**

举例来说，当我们在回顾某一天或某一年的时候，如果首先想起来的是一件高兴的事，我们常会觉得那一天或那一年整个都是很开心的。

另外，当我们在写宣传文案的时候，最想突出的内容，一定要写在最前边，这是不变的铁则。

> **与人初次见面，一定要扮演理想的自己。**

63 聚光灯效应
NOBODY HAS SEEN YOU

放弃过度的自我意识

研究人员为受验者准备了一件印有"当今最土气艺人"大幅头像的 T 恤衫，并让受验者穿上这件 T 恤衫。

⬇

一群学生正围在一起填写问卷调查表，研究人员让受验者穿着那件奇怪的 T 恤衫加入学生队伍中。

⬇

1 分钟后，指示受验者悄悄离开学生队伍。

然后，研究人员问受验者："你觉得这群学生中有百分之几注意到了你身上这件奇怪的 T 恤衫？"

结果

多名受验者回答的平均数值为 50% 左右，但实际注意到他们身上那件奇怪 T 恤衫的学生只有 21%。

（参考：康奈尔大学　心理学家汤姆·戈洛比奇等人的实验）

也就是说，任何人都觉得"别人都在关注自己"，但实际上，别人对自己的关注并没有自己想象中的那么多。

人是一种社会动物，不管是谁，都离不开群体。

因此，人思考问题、说话、做事都有一个前提，就是思考自己对别人来说是一个什么样的存在。

简而言之，就是每个人都会在意别人的眼光。大家都希望自己在别人心目中是一个有能力的人，不是一个粗鲁无礼的人，是一个有品位的人，不是一个冷漠的人……也就是说，我们日常工作、生活中的一切言行，都是在在意别人眼光的前提下做出来的。

关于我们在意别人的眼光，还有一个有意思的地方，就是我们还喜欢评价别人。因为背后有一个镜面法则在起作用，自己评价了别人，我们就会认为别人也会像镜子一样评价我们。

可实际上，周围人对我们的关注度，并没有我们自己想象的那么高。其实每个人都一样，心里都在想："别人是怎么看我的呢？"换句话说，别人也没有时间关注我们，他们更多的是关注自己在别人眼中的形象。

所以，**担心这个人是不是讨厌我啊，那个人是不是正在生我的气啊，这种顾虑完全是在浪费自己的时间**。只要对方不是特别喜欢我们的人（或者特别讨厌我们的人），他们就没有多余的精力像看待自己的事情一样看待我们。

反正周围的人并没有那么在意我们，所以，我们想做什么就去做吧！想说什么就去说吧！打定这样的主意之后，我们就不会再为该不该做而犹豫不决了，也就能把全部的精力投入眼前的事务中去了。

> **每个月给自己安排一天"冒险日"，说自己想说的话，做自己想做的事。**

64 阶段性要求
IT'S JUST A BIT

首先尝试提出一个小小的要求

研究人员装扮成志愿者，走访住宅区的家庭。

A 组"志愿者"

请求受访家庭在自家大门口设置"请安全驾驶"的告示牌。

→ 同意的家庭只占 17%。

B 组"志愿者"

请求受访家庭在一份名为《让加利福尼亚州变得更美好》的请愿书上签字。

→ 几乎所有家庭都同意签字。

两周之后，

"志愿者"请求签字的家庭在自家大门口设置"请安全驾驶"的告示牌。

→ 约有半数家庭同意。

C 组"志愿者"

请求受访家庭在自家大门口张贴一张"请成为一名安全驾驶的司机"的小告示。

→ 几乎所有家庭都同意。

两周之后，

"志愿者"请这些家庭在自家大门口设置"请安全驾驶"的告示牌。

→ 同意的家庭占 76%。

（参考：斯坦福大学　社会心理学家乔纳森·弗里德曼和斯科特·弗雷泽的实验）

也就是说，当人接受了一个小的请求之后，心中就会产生一个新的自我形象。

在职场中工作的人，都有一种自我认识，举通俗的例子，就是"这项工作我要做""那项工作我不做"。

当遇到适合自己的工作时，人会毫不犹豫地接受；但上司安排了不适合自己的工作时，人往往会在心中闹别扭，不想干。

但是，这种自我认识是可以更新的。当人不太情愿地接受了一个很简单的工作并完成它之后，就会觉得"我可以做这项工作"。自我认识就更新了。

对于那些不愿做家务活的丈夫、什么工作都推给部下的上司、从不主动干活的部下，就可以采取这样的策略，先改变他们的自我认识。**虽然他们不想做，但我们可以先给他们提一个非常简单的请求**。一旦他们接受了，以后再提有难度的请求就容易了。

其实这种方法也可以用在我们自己身上。比如，我有点懒，面对脏乱差的桌面总是懒得整理。但我一般会先告诉自己："就只收拾一部分吧。"结果，一旦开始收拾起来，就不知不觉把整张桌子都收拾干净了。因为在完成了最初"只收拾一部分"的任务之后，我对自己的认识发生了转变，我认为自己是一个"善于收拾桌子的人"。

另外，可能因为我比较内向，所以不太善于和人交往。于是，每次外出参加社交活动的时候，我都会尽量穿得隆重、华丽一点。因为穿上这种具有"社交氛围"的服装之后，在人群之中，我就感觉自己应该主动和别人说话。

改变周围的环境很困难，但改变我们对自己的认识却只需一个小小的行动。有的人一开始只是想尝试一下学点新知识，可没想到后来竟然一发不可收拾，最终当上了传授这门知识的老师。

> **请求，应该从小到大。**

65 好奇心的功效
PLEASE TELL ME ABOUT YOU

放下自己，关注对方

研究人员让安排好的"托儿"与初次见面的受验者聊天 5 分钟。

研究人员事先告诉托儿在聊天过程中不要关注自己和对方的共同点，而应该对彼此的不同点表示出兴趣，主要聊这些不同点。

5 分钟聊天结束后，研究人员采访受验者，问他们对刚才聊天对象的印象，结果得到的大多是好的评价，比如，

好印象

"他身上充满活力，散发正能量。"

"他很爱说话。"

"他很有自信。"

"他很幽默。"

…………

（参考：乔治梅森大学　心理学家陶德·卡修丹等人的实验）

也就是说，好奇心强的人，容易和各种人搞好关系。

一般来说，任何人都"只关心自己"。很多人之所以害怕人际交往，就是因为感觉"自己感兴趣的东西别人似乎不感兴趣"。

每个人都有一种"渴望被别人理解"的欲望。但是，我们一定不要忘记，别人也有同样的欲望，他们也希望得到我们的理解。

所以，在人际交往中，我们应该把"对方关心的东西"摆在优先的位置上。对于别人的话，您是以一个"哦"字一笔带过，还是会说："什么，你说的是什么？"以表示自己感兴趣？这个差别，就是您的人际交往是否顺利的分水岭。

如果您在心中优先考虑对方感兴趣的事物，那一定会在态度上表现出来。也许只是一个小小的表情或动作，但绝对会被对方捕捉到。作为回报，对方也会对您感兴趣的事物表示出兴趣。这样一来，彼此之间的交流就会变得顺畅很多。

您在心中关注着对方感兴趣的事物，对方同样会在心中关注着您。所以，当您想要激发别人的工作热情时，在学习激发干劲的方法之前，更重要的是学会"关注别人感兴趣的事物"。不要把别人看作"缺乏工作热情的人"，而应该转变一种态度，认为"他的工作热情有待我去激发"。有了这样的前提，再关注对方心中感兴趣的事物，你们之间的对话一定更有效率，也一定能激发出他的工作干劲。

时常关注部下的近况。

66 换位思考
IMAGINATION IS BETTER THAN SYMPATHY

站在对方的角度考虑问题

研究人员将受验者两人编为一组，让一方扮演买方、另一方扮演卖方，进行买卖谈判。

研究人员事先悄悄告诉卖方"保证最低利润的价格"，又悄悄告诉买方"最低预算金额"。但"保证最低利润的价格"要比"最低预算金额"稍高一点。

对 A 组的买方

不做任何指示。

对 B 组的买方

告诉他："想象一下卖方的心情。"

对 C 组的买方

告诉他："想象一下卖方会怎么思考。"

结果

B 组比 A 组的成交率高。

C 组比 B 组的成交率高。

在成交之后，所有买家都感觉"自己干得不错"。

（参考：威廉姆·马达克斯等人的实验）

　　也就是说，与考虑对方的心情相比，彻底站在对方的角度上考虑问题，谈判的成功率更高。

　　其实，谈判不仅仅会出现在商务场合，在我们与家人、朋友之间，也经常会遇到需要"谈判"的情况。

　　但现实生活中很多朋友抱怨自己不太会与人谈判，最终总得到对自己不利的结果。

　　谈判时的思维方式，大体上可以分为以下两种：一种是以对方的感情作为关注点。让自己去理解对方的心情、感受，引起共鸣。通俗地讲，就是扮演一个好人。通过自己理解对方的心情，也期待对方理解自己。借此，希望对方认可自己提出的条件或方案。

　　但在实际谈判中，上述思维方式往往无法取得预期的结果。

　　另外一种较好的思维方式是把对方的立场、状况作为关注点，也就是所谓的"换位思考"。

　　换位思考，不是去"感受对方的心情"，而是去"思考对方的思维方式"。举例来说，"如果我是他的话，我应该会提出这样的价格""如果我站在他的立场上，在这个方面我应该做出妥协"。也就是"钻进"对方的脑子里，想象"他希望得到什么""他会怎么做"。这样，我们就变成了他，从而更容易打动对方的心，也就容易得到有利于自己的谈判结果。

> **谈判的时候，让自己成为对方。**

完全忽略自己，主动关注对方

从原则上讲，人只关心自己。

而且，我们都希望把自己关心的事物分享给别人。如果预感对方不会对自己关心的事物感兴趣，那我们从一开始就不会去接近他。彼此所关心的事物不同，双方交流起来是比较困难的。

另一方面，我们人类还有一种习性——当别人接受自己的影响时，我们也容易接受对方的影响。

所以，如果想让对方敞开心扉的话，我们应该先把自己关心的事物放在一边，把注意力放在对方关注的事物上。也就是先接受对方的影响，才能让对方容易接受我们的影响。

首先把自己的一切判断都收起来，只是竖起耳朵听对方说，这样就能找到对方关心的事物。

所以保留自己的判断，就是用对方的价值观附和他所说的话。因此，也需要我们先放下想控制对方的想法，然后把注意力聚焦到对方的所看、所感上。

虽然有的时候我们无法完全理解对方，甚至完全不能理解他们所说的话，但也要始终摆出一副"我想要理解你"的姿态。然后就是去判断自己到底能不能理解对方，能理解多少。我们能做的只有这么多。

只有这样，首先认可对方、尊重对方，才能让自己对他产生影响，让他接受我们的影响。

反过来，我们该如何引出对方"想听你说话"的兴趣呢？

遇到这个问题的时候，很多人肯定首先审视"自己该说些什么"。

但实际上，更重要的是"对方会怎么听我们所说的话"，把这个问题想清楚，才能让对方更好地听我们说话。

因为"每个人对别人的关心度都比较低"，所以，我们所说的话能真正进入对方心里的内容并不多。我们所说的话能对对方产生多大的影响力，关键点不在于我们说话的内容，而在于我们在对方心目中是"怎样一个发言者"。

如果在对方看来，我是一个可信度高的发言者，那不管我说什么，他都会认真听。反之，如果对方觉得我这个发言者可信度不高，那即使我讲的内容再有趣，他也只会左耳朵进右耳朵出。

要想成为一个值得信赖、有说服力的发言者并不容易，需要平时不断努力，增加自己的学识、多和可靠的发言者交流、提出对大家有用的提议……总而言之，威信是平日一点一滴积累起来的。同时，也要在日常生活中注意加强锻炼自己的"表达方式"。

还有一点，我们该如何与那些善于说话的人构筑良好的人际关系呢？

最简单的方法就是和他"约会"。

和这样的朋友分别时，如果只说一句："希望下次有机会我们再聚"，那结果往往就没有下次了。

此时，重要的是要和对方约定下次再聚的具体时间和场所。只有这样，才能让下一次聚会变成现实。

67 透明性的错觉
NOBODY NOTICES YOU

表达时再夸张一点

研究人员让受验者 A 和受验者 B 进行一场谈判。

在谈判之前，研究人员首先让 A 在下列 5 个谈判方针中选择一个，然后再和 B 进行谈判。

（1）自己的想法绝不改变；

（2）即使自己做出妥协，也要满足 B 的要求；

（3）和 B 做出同等次数的妥协；

（4）找到最佳解决方案，即使被 B 讨厌也无所谓；

（5）尽量争取被 B 喜欢。

谈判结束后，研究人员问扮演 A 角色的受验者们："你感觉你选定的方针，被 B 看穿了吗？"

结果 60% 的 A 扮演者回答："完全被 B 看穿了。"

研究人员又问扮演 B 角色的受验者们："你们能猜出 A 的既定方针吗？"结果 B 扮演者的回答正确率只有 26%。

这个正确率只比掷骰子瞎蒙的正确率高一点。

（参考：加拿大曼尼托巴大学　杰克·佛罗和

斯特法尼·丹尼尔·克洛德的实验）

也就是说，对别人来说，我们自己的想法，并没有自己想象的那么容易理解。

　　如果在周围人眼中，您是一个"容易看懂的人"，那么别人就更容易和您建立良好的人际关系。为了让自己成为"容易看懂的人"，我们使用的语言、表情应该尽量夸张一点。当您觉得自己所说的话、所做的动作、所表现出来的表情稍微有点过头的时候，也许在别人看来刚刚好，更容易理解您。

68 一贯性原理
TRUST QUICKLY

信赖陌生人

研究人员让扮演"托儿"的 A 在海滨浴场人多的沙滩上铺一张垫子,再放上一台收音机,然后假装在垫子上躺一会儿,晒会儿太阳。不久后 A 暂时离开。

A 离开一会儿后,托儿 B 前来,把 A 的收音机偷走。

结果

在海滩上晒太阳的 20 名游客为受验者,其中喝止 B 偷窃行为的人只有 4 个。

如果 A 在离开之前,事先跟周围的受验者打声招呼:"麻烦帮我照看一下收音机。"

结果

20 名受验者中,喝止 B 偷窃行为的人有 19 个。

（参考：莫里亚蒂·T 的实验）

也就是说,即使是陌生人,只要我们提出适当的请求,对方一般都会答应的。

同样是"期待",但什么也不说,只是在心里默默地期待,和表达出来的期待,结果是完全不一样的。即使是不说出来对方也明白的事情,但我们如果不说出来的话,别人也不会去做的。

CHAPTER 6

第 6 章

工作更专注

SELF MANAGEMENT

69 迟到的影响
BUSY IS THE ENEMY

不要让自己太匆忙

研究人员以神学院的学生为实验对象进行了一项实验。研究人员首先告诉学生们将要在学校的大礼堂举行一场关于《新约圣经》中《善良的撒玛利亚人》的主题讲座，希望学生们赶往大礼堂听讲座。

研究人员事先安排一个"托儿"蹲在大礼堂门口，这个人衣衫褴褛，看上去很可怜。而且，当学生赶到礼堂门口的时候，那个托儿还不时发出痛苦的呻吟或咳嗽声。

*《善良的撒玛利亚人》故事的要点如下：

- 一名犹太人被强盗打劫，身受重伤，躺在路边。
- 有一名祭司路过，却对受伤的犹太人不管不问。
- 撒玛利亚人和犹太人历来相互仇视。但有一名撒玛利亚人路过时，却伸出援手救了犹太人。

A 组学生

当他们赶往大礼堂之前，研究人员告诉他们："时间还多，不着急。"

B 组学生

当他们赶往大礼堂之前，研究人员告诉他们："时间不多了，请抓紧。"

结果

向痛苦的男子伸出援手的人 A 组有 63%，B 组只有 10%。

（参考：普林斯顿大学　心理学家约翰·达利和丹尼尔·巴森特的实验）

也就是说，时间紧张的时候，人甚至会丢弃信仰。

当人意识到自己"很忙"的时候，就会自然而然地缺乏对别人的关怀，同时开启一种以自我为中心的心理模式。放在平时不忙的时候，人多半会对周围需要帮助的人伸出援手。可是一旦忙起来，觉得自己时间不够的时候，就会无暇顾及其他人了。还可能在无意识之间产生一种"受害者意识"，认为自己都已经这么忙了，为什么还必须帮助别人呢？有的时候，人甚至会因此和周围人发生冲突。

人生是什么？从某种角度说，使用时间的方法，就是人生本身。同样是一个小时，有的人可以做很多事情，而有的人则只能做一点点事情。在同等长度的时间里，能够做很多事情的人，常常会被赞扬为"工作效率高""工作能力强"。可是，如果给自己预定的事情太多，人就容易分神。当面对其中一项预定工作的时候，就容易感到迷茫："我为什么要做这项工作呢？"

为了充实地度过一天的时间，我们应该想办法让自己的注意力集中到当前的单一工作项目上。而且，项目与项目之间，需要留出一定的"放空"时间。

其实，这只是一个意识上的问题。如果人总是在头脑中惦记着下一项工作、再下一项工作、然后的下一项工作，那么当前的时间使用质量势必会降低。为了提高当前时间的使用质量，我们必须把意识集中到"现在"上。

现在，要么埋头于文字的世界，要么侧耳倾听对方的谈话，要么感受自己的呼吸，要么感知指尖敲击电脑键盘的触感，要么眺望窗外的风景……做到心无旁骛，我们使用时间的质量才会一直保持较高的水平，那么，人生本身也就有较高的品质。

工作与工作之间，要留出"放空"的时间。

70 感情转换
I AM EXCITED, NOT NERVOUS

让自己处于兴奋状态

研究人员让参加受验的学生每人进行两分钟的演讲。

学生们都很紧张。

于是，研究人员给学生们提了一些建议。

A 组学生

研究人员对 A 组学生说："在演讲开头，请你先说一句'我很平静，不紧张'。"

"我很平静，不紧张……"

B 组学生

研究人员对 B 组学生说："在演讲开头，请你先说一句'我很兴奋'。"

"我很兴奋……"

C 组学生

研究人员告诉 C 组学生，只要按照一般的流程进行演讲即可。

"今天我要讲的是……"

（参考：哈佛大学商学院　阿里森·伍德·布鲁克斯的实验）

结果

A 组学生和 C 组学生的演讲，并没有明显的差别。

但 B 组学生的演讲时间平均延长了 27 秒。

与其他两组受验者相比，B 组学生的演讲时间有延长的倾向，平均延长了 27 秒。

演讲结束后

研究人员让听众对演讲者的表现进行打分，主要针对"说服力""自信"两方面进行评判，满分为 100 分。

结果，B 组学生的演讲在"说服力"和"自信"两方面的得分都更高。

与其他两组受验者相比，B 组学生的演讲在"说服力"方面平均高出 17 分，"自信"方面平均高出 15 分。

也就是说，当人因紧张而情绪高涨的时候，与其花费精力"让自己平静下来"，不如承认现在的自己"很兴奋"，因为兴奋的状态容易让我们发挥出更高的水平。

在面临重大场合的时候，大多数人都会感到紧张。完全不紧张的人，我周围反正是没有。即将出现的状况，以及自己的表现，会令人感到不安，于是整个身体和内心都会紧张起来。

虽然大家都紧张，但如何把握自己的这种状态，不同的人可能会有不同的方式。因此，也造成每个人的表现会有很大不同。

在面临大场面的时候，很多人都有自己独特的放松方式。比如，深呼吸、想点其他事情转移注意力、扭扭脖子、活动肩膀、做几下伸展运动……

但是，我觉得以上都不是应对紧张的最佳方式。

我为什么会这么说？因为"让自己平静下来"的意念和"发挥最好水平"的意念是正好相反的。结果，"让自己平静下来"的努力却容易引发犯错或者水平无法全部发挥出来的不良后果。

由此可见，我们不需要强迫自己一定要克服紧张状态，只要把紧张引向积极的方面，让自己由紧张逐渐兴奋起来，这样更容易消除心中的恐惧感。

紧张的时候，面对别人也好，面对自己的内心也好，都要使用积极的语言。比如，"我感觉自己兴奋起来了""预感马上就要有好事发生了"……仅仅是这样的一两句话，就能帮我们实现感情的转换，由负面的紧张变为正面的兴奋。

在感情转换的瞬间，我们意识的焦点也会从"对失败的不安"转移到"现在该做的事情"上。随后，我们的表现没准会让众人感到惊艳。

紧张的时候，就在心里大声喊："现在我很兴奋！"

71 自制力的消耗
TAKE CARE OF YOURSELF

忍耐是难以持久的

研究人员以腹中饥饿的学生为对象进行了一项实验。

研究人员让这些饥饿的学生进入一个房间，房间里事先放置了巧克力和生的小萝卜。

A 组受验者

研究人员告诉 A 组学生："请吃 3 块巧克力。"

B 组受验者

研究人员告诉 B 组学生："请吃 3 个小萝卜。"

然后，研究人员请受验者参加一个难度很高的猜谜大挑战。

结果

B 组学生中一大半都比 A 组学生更早地放弃了猜谜挑战。

而且，B 组学生表现出了很明显的疲惫感。

（参考：佛罗里达大学　心理学家罗伊·鲍迈斯特等人的实验）

也就是说，当人承受压力的时候，自制力就会不断消耗，而持续忍耐是一件很困难的事情。

人在做任何一项决定的时候，都要使用自制力。而且，自制力是在不断消耗的。

我们每天早晨起床的时候，是自制力最充实的时候。但是，随着之后进行的各种活动，比如，在便利店纠结买哪种罐装咖啡、思考公司开会时该不该发言、给客户写电子邮件、在人前装出一副充满活力的样子……都会消耗我们的自制力。而到了晚上，我们的自制力基本上已经枯竭了。睡眠是恢复自制力的最佳方法，但如果白天将自制力使用过度的话，即使经过一晚上的睡眠也无法完全恢复。第二天，我们的思考能力就会降低，判断容易出现错误。所以，我们过度努力的话，不但会给自己造成麻烦，说不定还会给周围的人带来困扰。很多朋友肯定会说："工作中的有些时候，我们必须拼命才行啊！"但是我认为，**当您觉得"自己必须拼命干"的时候，恰恰已经错过了干这项工作的最佳时机。也就是说，已经晚了。为什么这么说？越是想"应该拼命干"的时候，从另一个角度说，您的潜意识正在抗拒做这项工作，说不定心里在呐喊："我不想干！"**只有在不勉强自己的情况下，趁着自己的热情工作，才能不浪费自制力，也才能做出更大的成绩来。

以我个人为例，当我要制订一个计划的时候，我会先坐到书桌前冥思苦想。当我在书桌前消耗了太多自制力，也无法想出好的计划时，我便会起身去附近的咖啡馆，一边喝咖啡一边继续想。在咖啡馆中，我注意力集中的时间也是有限的。当发现自己开始留意周围其他客人的谈话声时，我就会马上离开咖啡馆，在路上一边走一边思考。最后我会走进家里的浴室，给浴缸放满热水，将自己浸泡在洗澡水里继续思考。这个时候，新的计划已经基本上在我头脑中成形。我会马上盖上浴缸盖子，把盖子当桌子写下自己的思路。这个场景可能相当奇怪，一个赤身裸体的人坐在浴缸里，趴在浴缸盖子上写计划书。但对我来说，这是最为理想的思考状态。因为"在浴缸中思考"可以让我心潮澎湃，思考的过程中不会消耗自制力。

> **当您无法集中注意力思考的时候，就想办法创造一个适合集中注意力的环境。**

72 控制感情
PASS YOUR ANGER THROUGH

不要把愤怒表现出来

研究人员安排"托儿"故意挑衅受验者，使其发怒。然后，研究人员又让被激怒的受验者按指示做如下行为。

A 组受验者

将自己的感情充分表达出来

研究人员给受验者看曾经激怒他的那个人的照片，让受验者在头脑中回想那个人的所作所为，同时击打沙袋，直到怒气全部发泄出来。

B 组受验者

分散注意力

研究人员给受验者看体育锻炼的照片，让受验者在头脑中想象体育锻炼的场面，同时击打沙袋，直到心情舒畅。

C 组受验者

平静地度过

研究人员让受验者静坐两分钟，仅此而已。

（参考：俄亥俄大学　心理学家布拉德・布什曼的实验）

接下来，研究人员让受验者面对激怒自己的人，并要求受验者用自己的呐喊声表达自己的愤怒。

至于受验者要喊多大声、喊多久，都是他本人的自由。

结果

A 组受验者

最具攻击性，喊声最大，而且持续时间最长。甚至有受验者把实验室的墙壁打出洞来。

B 组受验者

虽然也具有一定的攻击性，但也有理性去寻找其他解决办法。

C 组受验者

心平气和。

也就是说，我们想要发泄怒火的时候，反而会使怒火升级；安静地坐一会儿，怒气便会逐渐消散。

　　当人生气的时候，眉头就会皱到一起；当人悲伤的时候，泪水会不自觉地流出来；当人开心的时候，嘴角自然就向上扬起；当人灰心丧气的时候，不知不觉就低头驼背了……

　　我们的身体会按照当前的感情状况，非常诚实地做出相应的反应。换句话说，我们的身体会顺应情绪的喜怒哀乐。因此，人们容易认为"身体的状态"="感情的状态"。

　　但有的时候，我们**身体的状态也会反过来影响感情的状态**。不信您可以尝试一下。原本没什么不开心的事情，但您故意低头驼背走路，因为在潜意识中您知道这样的身体状态是心情不佳时才有的反应，所以您便会不自觉地开始在内心中寻找不安的因素，认为自己肯定有不开心的事情。而实际上，那只不过是您故意摆出来的身体姿态罢了。内心中所谓的不安，是您随后制造出来的。由此可见，我们会根据自己的身体状态，"捏造"感情状态。

前面的实验显示，想要通过"击打沙袋"来发泄怒气的行为，结果反而使人的怒气进一步增加了。

当人感受到精神压力的时候，会产生两种欲求，其一是"掌控现状的欲求"，其二是"恢复自身重要性的欲求"。击打沙袋发泄怒气的行为，其实就是想要迅速满足这两种欲求的行为，但往往欲速则不达。

除了打沙袋撒气之外，还有其他一些类似想要迅速满足自己欲求的行为。比如，对于激怒自己的对象，背后说其坏话的行为；对店员服务不满意，马上向商家投诉的行为等。其实这些都是攻击性行为。

可是，想要迅速满足自身欲求的行为，反而会让怒气更加强烈。这无疑是一种恶性循环。想要斩断这种恶性循环其实也不难，只要暂时忽视自己的怒气即可。如果实在做不到忽视怒气的话，可以先让自己冷静地思考一下："我现在的感情处于一种什么状态？"在想这个问题的时候，几分钟之内您的心情就能平静下来。

> **当您怒火中烧的时候，在发怒之前请先闭上眼睛，观察一下自己内心的感情。**

73 姿势的力量
ALWAYS BE DIGNIFIED

时刻注意自己的姿势和呼吸

研究人员让多名男女受验者，分别摆出两个姿势，每个姿势摆1分钟。

A 组受验者

研究人员让他们模仿董事长的霸气坐姿，后背靠在椅背上，双手抱在脑袋后面，还要把一只脚踩在面前的茶几上。

B 组受验者

研究人员让他们把手放在膝盖上，缩着肩膀、低着头坐在椅子上。

结果

A 组受验者体内的睾丸酮浓度升高，皮质醇浓度下降。他们显得更加有活力。下双倍赌注的赌博，很多人也积极参与。

B 组受验者体内睾丸酮浓度降低很多，皮质醇浓度升高。他们表现出很强的紧张感和无力感。对于下双倍赌注的赌博，大多数拒绝参加。

*睾丸酮：雄性激素的一种，作用是使人具有雄性特征。体内睾丸酮浓度升高的话，人的优越感、竞争心、对疾病的抵抗力，以及领导能力都会有所提升。
皮质醇：当人承受精神压力的时候，体内皮质醇分泌量会增加。当人身处危险时，体内会大量分泌皮质醇。

（参考：哈佛大学　社会心理学家艾米·卡迪的实验）

　　也就是说，**人的心情会对身体的姿势造成影响，反过来，身体的姿势也会给心情带来影响。**

　　"请时刻注意您的姿势和呼吸。"

　　我在和朋友见面打招呼之后，经常会附带这句话。

　　但是，从没有朋友听到这句话后反问我："你说注意是什么意思？""什么姿势、呼吸更好？"因为他们都意识到了自己弯腰驼背的不良姿势以及又浅又急促的错误呼吸方式。

　　前面的实验已经证明了，**当人摆出一副霸气的姿态时，就能促进体内雄性激素的分泌。而弯腰驼背的话，则只能促进压力激素的分泌。**

　　而且，在这一点上，男女之间并没有差异。精神状态好，身体姿态必好；身体姿态好，精神状态也会变好。

　　一个人是否了解这一法则，会直接影响他一天中"精神饱满的时间"的长短。

　　我每天都系红色的领带，大多数时间保持昂首挺胸的姿势。不管是在街上走路、和人谈话，还是对着电脑打字。有的时候，大清早起床后，我还会对着空旷的地方发出充满野性的吼叫"嗷"，然后用力原地踏步几十次。这些行动带来的气势，可以给我的一天开一个活力十足的好头。我为什么要这么做？因为我觉得自己是一个气场较弱的人，所以想借助这些行为让自己强大起来。

　　在重要的商务谈判之前，我也常会感到心虚。可是，越是心虚我就越会挺起胸膛。所以经常有人夸奖我："你看起来真有气势啊！"

> **当您感到十分疲惫的时候，不妨把每个动作做得夸张一些、幅度大一些、慢一点。**

74 分析过度也是一种"病"
DO NOT THINK. MOVE

减少选择量

A 组受验者

研究人员让他们把手伸进冰冷的水中，并尽量保持较长的时间。

B 组受验者

研究人员首先让受验者对钢笔的颜色、喜欢的 T 恤衫、大学的讲座等进行"选择"，然后再让他们把手伸进冰冷的水中，并尽量保持较长的时间。

结果

B 组受验者更早地把手从冰水中拿出来。

什么也不想，马上放进去　　**思考很多问题后，再把手放进去**

然后再让两组受验者解数学题。

B 组受验者出错更多，而且更快地选择放弃。

（参考：明尼苏达大学　心理学家凯瑟琳·沃斯的实验）

　　也就是说，事先进行过多的思考或分析，将使人的行动力有所下降。

　　所谓自制力，就是控制自己的感情，根据眼前发生的状况，调整自己应对态度的能力。

　　自制力还有一个特性，就是随着使用会不断减少。

　　不过，自制力如果不用的话，也会变得越来越弱。不断地使用自制力，可以将其锻炼得强大。

　　每次做自己不想做的事情，自制力就会消耗得很快。

　　当自制力减少、消耗殆尽的时候，人就容易变得感情用事，被眼前的事态左右。

　　所以，重要的工作最好放在早上做。在制订工作计划的时候，一天之中，从早到晚各项工作的重要性应该逐渐递减。上午自制力强的时候做重要的工作，不太重要的工作放在下午做，这样才能减少出错。

　　另外，在工作过程中，我还有一个窍门可以减少自制力的过度消耗。那就是在需要高强度运转头脑的创造性工作中间，加入一些不费脑力的简单工作，比如整理办公桌、去沏杯咖啡、检查发票等。可别小看这些琐碎的小工作，它可以帮我们"重启"大脑。根据我个人的经验，在主要工作之间穿插休息，还不如穿插一些小工作。因为休息之后，人的工作热情和意愿容易降低。

　　另外，在工作中我们还应该尽量减少选择的次数。举例来说，事先制订工作计划，让各项工作的顺序一目了然；必要的文件放在适当的位置，以便使用的时候随手就能拿到；电脑的文件夹整理有序，搜索文件的时候更方便；办公桌面保持整洁也可以减少不必要的动作和选择。

　　重要的工作，放在明天一早做。

75 交替练习
EFFECT OF PARALLEL READING

同时读几本书

研究人员观察受验者学习 4 种较为复杂的立体图形（三棱柱、椭球体、圆锥体、半圆锥体）的体积算法。

A 组受验者

受验者按照立体图形的种类做练习题。

B 组受验者

受验者不按图形种类，而是打乱顺序做练习题。

结果

A 组受验者的正确率为 89%；
B 组受验者的正确率为 60%。

但是，一周之后，对所学内容进行考试，A 组受验者的正确率为 20%，B 组受验者的正确率为 63%。

（参考：罗莱尔和提拉的实验）

也就是说，交替练习与集中练习相比，理解起来比较困难，而不容易带来成就感，但有利于长期记忆。

当您想学习一门特定知识的时候，您会采取什么样的学习方式？肯定会有很多朋友说："我会先买几本相关知识的书，然后一本一本阅读，进行集中学习。"

不过，**集中学习的方法虽然对应付眼前的考试有效，但对长期记忆却没有什么好处。**

人类记忆的这种特殊性，肯定也适用于读书。以前也许您有过如下的经历，自己曾经读过一本书，当您想把书中的内容讲述给别人听的时候，却发现自己记住的并不多，从而对自己的记忆力相当失望。

曾经的我就遇到过这种尴尬。但是当我改变读书策略之后，这种尴尬就再也没有出现过。我的新读书策略是"读一本书的过程中，感到有点厌倦的时候，马上放下这本书，换另外一个领域的书来读"，也就是并行读书法。

同时读不同领域的书籍，也许是因为视角突然发生了变化，所以对前一本书中的内容反而更容易理解了，更容易长久记忆。而且，在换书的时候，还会从"我必须读这本书"的义务感中解放出来，可以轻松地继续阅读，从而让我更加喜欢读书。

认真读完一本书，其实需要花费很多的时间。在这个过程中，难免会产生厌倦的情绪。在与厌倦做斗争的同时，努力读完一本书，有时真的挺痛苦的。而开心地读书，效率更高、效果更好。同时阅读几本书，不断地变换书籍，可以减少厌倦情绪的产生，也让读书变得更加有趣。

人生，就是过往记忆的集合体。开心的记忆比较多，人生也就比较幸福。

读一本书时，在感到厌倦之前，赶快换一本书来读。

76 同调压力
SAME AS EVERYONE

先找共同点

研究人员将 5 名受验者编为一个小组，给他们展示一段线段，然后让他们在下列 3 个选项中，选择一个和展示线段长度一致的线段。

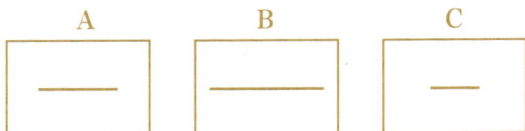

A   B   C

但小组中的 5 个人中其实只有 1 个人是真正的受验者，其他 4 个人都是研究人员事先安排好的"托儿"。

很快，5 个人就选出了正确答案，显然答案都一样。

但是，在研究人员最后的正式提问中，4 名托儿明确地给出了另外一个答案（和之前预选时完全不同的答案），而且这 4 个人的答案都一致。

一样长！

A

结果

有 30% 以上的受验者放弃了之前选出的正确答案，而和其他 4 个人保持一致。

（参考：史瓦兹摩尔学院　心理学家所罗门·阿希的实验）

也就是说，人的自主判断不管正确还是错误，都难逃从众心理的影响，为了和众人保持一致，最终甚至会放弃自己的判断。

一些专业的讲座讲师、营销会议主持人常会使用一种名叫"Yes-set"的话术，有人甚至说这种话术相当于一种催眠语言。具体方法是，讲话人事先准备3个一定会得到肯定回答的问题。在听众用3次"Yes"连续回答了3个问题之后，那么第四个问题不管讲话人问什么，他们大多会回答"Yes"。

"今天的天气挺好啊！是不是？""是！""今天穿夹克有点热，是吧？""是！""今天，在座的有很多老朋友，也有第一次来听我演讲的朋友吧？""是！"肯定的答案已经在听众头脑中出现了3次，他们对演讲者已经建立了正面、肯定的印象，而且对于接下来的问题，不管是什么，听众都更容易回答"是"。

上面这个方法确实有点狡诈，但即便不用做得如此露骨，利用共同点引起对方的共鸣，也可以让沟通交流变得顺畅。比如，**在商业谈判中，一开始先不直接切入正题，而是通过闲谈拉近距离，通过寻找共同点引起对方共鸣，这样随后的正式谈判就会进行得比较顺利。**

由此可见，同调压力具有非常强大的作用，作为我们的武器，可以很好地引导别人。但反过来，如果对方也掌握这个武器，我们自己就要小心了。**因为爱动摇，也是我们人类共同的弱点。**

对于不太可靠的人，不要轻易对他点头。

77 控制欲
WHAT IS TRUE FREEDOM？

做得比"别人要求的"更多

实验 A

受验者是养老中心的老年人，研究人员向老人们赠送了一些观叶植物。

A 组老年人

自己照顾观叶植物。

B 组老年人

请养老中心工作人员帮忙照顾观叶植物。

结果

半年后，
A 组老年人有 15% 去世。
B 组老年人有 30% 去世。

实验 B

学生定期去养老中心看望老年人。

A 组老年人

由老人来决定学生下次来访日期和陪伴时间。

B 组老年人

学生告诉老人下次的来访日期和陪伴时间。

结果

两个月后，A 组老年人显得更加健康、有活力，服用药物的量也相对较少。

但实验结束的几个月后，A 组老年人中去世的人数非常多。（因为实

验结束后，A 组老年人就失去了对来访学生的控制权。）

（参考：哈佛大学　社会心理学家艾伦·兰格和心理学家朱迪斯·罗丁的实验）

也就是说，当人有自己能够控制的东西时，更容易维持健康、幸福的生活。

"自己做决定"虽然要消耗一定的能量，但这个行为也会让人感受到生存的意义。所以，要想维持健康、幸福的生活，人需要掌握一定做决定的权力。

自由，是人类生命活动的基础。不管在工作中还是在家庭里，如果人的自由被剥夺了，那么生命就会逐渐失去活力。

我们不管在什么时间、什么地方，都倾向于追求"方便"和"快乐"。很多人认为"方便"和"快乐"就是"不用自己去做""不用自己决定"。但如果所有事情都不需要自己去做、不需要自己做决定的话，那人反而不会感到快乐。因为那样相当于放弃了自己的自由意志，结果让自己陷入不快乐、易疲惫、不健康的恶性循环之中。

要想健康、快乐地生活，（即便有些麻烦，但）**该自己做的决定就要自己做，力所能及的事情也最好亲力亲为。**

给工作任务设定一个最后期限，总让人感觉不太自由。但如果能努力工作、提高效率，提前完成任务，不就有了自由时间吗？早上，比平时早起半小时，就有了自由时间。自己主动改变上班的路线、遇到熟人主动打个招呼，也会让人感觉很自由。您可以思考一下，每天做哪些改变能让自己获得更多的自由。

面对最后期限，努力提前一天完成任务。

78 理想与行动
IDEAL AND REALITY

首先给梦想制订一个具体实现方案

最初的 3 分钟……研究人员对受验者说："请想象一下你穿着一双漂亮高跟鞋的样子。"

接下来，在下一个 3 分钟里：

A 组受验者

研究人员对受验者说："请进一步想象一下你穿着高跟鞋时更加积极、正面的形象（比如充满自信、婀娜多姿走路的样子，或干练、潇洒的都市白领形象）。"

B 组受验者

研究人员对受验者说："现在请想象一下你穿高跟鞋时可能出现的负面情况（比如，扭伤脚、走路困难的样子）。"

然后，再对受验者进行血压测定。

结果

A 组受验者

最高血压有所下降。

B 组受验者

血压没有变化。

*最高血压可以在一定程度上反映人的意欲和干劲。

（参考：纽约大学　心理学家加布里埃尔·厄廷根的实验）

也就是说，积极、正面的空想，可以使人放松，但同时也有减弱行动力的危险。

深呼吸、散步、听舒缓的音乐、和好友谈谈理想，都可以让人很放松。

拥有充足的放松时间，是使人保持精力、热情的重要手段。

但是从另一个角度来看，放松的状态也是一种无力的状态。和三五好友小聚，一边畅快地饮酒一边谈论各自的理想，可以说是一种非常放松又愉悦的状态。但是，如果只是停留在这种愉悦的状态，而不采取任何具体行动的话，那一切都只是空谈。

有的时候，**人会信誓旦旦地说："我一定要实现这个梦想！"却迟迟不在现实中行动起来。深究其原因的话，我们常会发现一点——他一直处于实现愿望的美好幻想中，也就是在那种放松的状态中无法自拔。**所以，最为重要的是想到了就要马上付诸行动。当人面临"必须做"或"不得不做"的紧迫局面时，头脑和身体为了应付这个局面，也会自动调整到"临战状态"：血液循环加快，以便让头脑和身体各个器官获得更多的氧和营养，从而随时准备好发出更加精确、可靠的行动力。

在国外的某个著名经营管理讲座中，讲师首先会让每位听众向大家宣布"自己的目标与理想"。但随后，讲师会故意对他们的发言加以挑衅："我看你并不是真心想做那件事。""我预感你会在中途遇到挫折而放弃。"听到这样的否定，即使一开始有点心虚的听众，也会变得强硬起来，纷纷反驳道："不可能！""我一定能成功！"就这样，原本停留在想象中的目标与理想，很快就会被付诸行动。

既然有了梦想，就要在梦醒之前，迈出将其变为现实的第一步！

给"忙碌"这个词重新下一个定义

人的状态不是一成不变的，而是起伏不定的。

为了更好地完成工作，我们应该尽量让自己保持一个稳定的状态。为此，我们需要一些自我管理。

从大的方面说，自我管理可以分为以下 3 大类：**状态管理，健康管理，时间管理**。

1. 状态管理

人以什么样的状态面对工作，说得更加直白一点，就是以什么样的心情面对工作，将会对工作的结果造成很大的影响。

所谓状态管理，就是对自己的情感进行管理，使其保持在最合适的状态。

人的感情其实和肌肉有相似的地方，只要使用适当的负荷加以锻炼，是可以不断提高的。面对自己不想干的工作，我们不应该采取忍耐或逃避的态度，而首先应该把它们当作一种锻炼自己感情的方法。认真地面对每一项自己不想做的工作，用平和的心态把它们一一做好，最终将使我们对工作的适应能力大大提高。

那么，为了更好地控制自己的感情，我们到底该怎么做呢？

使人产生感情变化的主要有 3 大要素："意识""语言"和"身体"。

这里所说的"意识"，就是我们的注意力集中的地方，即当前着眼的事情，或头脑中想象的事情。在一项工作开始之初，如果我们心中怀有的是畏难情绪，那么过程中往往容易遭受挫折；但如果一开始想象的大多是完成工作时的成就感和自己获得的成长经验，那么最终顺利完成工作的可能性将会更高。

"语言"，就是指我们平时使用什么样的语言，不仅指从我们嘴里说出来的话，还包括阅读的文字、头脑中想象的语言等。如果把心中的梦想或期待的事情，用具体的语言描述出来，哪怕只在头脑中不说出来，也会让人的感情向积极、正面的方向发展。但使用的语言也需要经过挑选。比如，说"我想尽早完成工作"，不如具体到"我想比预定时间提前 10 分钟完成"；说"我要制订一个休假计划"，不如具体到"我要制订一个让自己终生难忘的愉快的休假计划"。这种具体的、积极的语言描述，更容易感染我们自己的感情。

"身体"，是指怎么使用我们自己的身体。不仅仅是动作，还有表情、姿势、呼吸等身体的运动都可以影响我们的感情。我们都知道，当自己心情大好的时候，我们的身体也会表现出好的表情、姿势甚至是良好的呼吸节奏。但反过来，好的表情、姿势、呼吸节奏也能给我们带来好的心情。您在街上观察一下，不难发现，很多成年人走路的时候，从侧面看肩膀和头都有向前倾的趋势。这可能就是生活、工作压力的体现。我们平时走路时，应该尽量挺胸抬头，头脑中时刻提醒自己把头部保持在身体的中心线上，不要前后倾斜、左右摇晃。坐的时候，保持自然姿势，尽量把后背靠在椅背上，展现出放松、舒展的姿势。这样做，可以给我们的感情带来正面的影响。

2. 健康管理

工作的速度和质量由什么决定？肯定很多朋友会说是经验、技巧、能力。但是，我还要补充一个重要的因素，那就是健康。当然，健康涵盖的范围比较广，除了最基本的不生病之外，还包含精力旺盛。

我所理解的健康管理，就是不依赖咖啡因、尼古丁，而使身体和头脑保持舒适、灵活的状态。为此，肯定首先要有计划地消灭睡眠不足和运动不足的状况。但是，这对很多人来说是很难做到的或难以坚持下来的。这样的人，身体多半已经陷入一种适应了睡眠不足或运动不足的状态。必须想办法扭转这种局面，但要一步一步慢慢来。

我认为对身体来说，"柔韧性"非常重要。很多商务人士无论在生活上还是工作中，姿势都不正确、不健康。以不正确的姿势生活、工作都会使人非常疲惫。而以不正确的姿势做运动，不仅得不到良好的运动效果，还容易受伤。以不正确的姿势睡眠，则不容易进入深度睡眠，大大削弱了睡眠帮我们恢复体力的作用。经常感到腰、腿沉的人，就是背部韧带、腿后侧韧带不够柔韧造成的。这样的朋友，站立的时候，都能感觉到身体后侧有很强的牵拉感。所以，我们平时要加强拉伸韧带的练习。而拉伸练习也有一定的技巧，与其一次性长时间拉伸，不如短时、多次地频繁练习。我建议朋友们使用拉伸球，每天进行拉伸韧带的训练，时间不用太长，10到15分钟足够了。身体柔韧性提高了，肢体的运动自然会变得协调。而身体也不容易产生疲惫感，睡眠质量也能大大提高。

3．时间管理

被时间追着跑的人，在工作中总会感觉"是别人让我工作的"。一直处于被动、消极的工作状态，结果可想而知。但如果我们能够提高单位时间的工作效率，就能创造出更多的富余时间，从而变被动为主动，改变对工作的态度，让工作变得更有趣，更愿意去做。那该怎样做才能提高工作效率呢?

首先，我建议大家每月思考一下"什么东西对我来说最重要"，然后据此决定这个月的工作主题。在接下来的一个月里，以这个主题为中心，每天为自己制订一个"To do 清单"。清单中比较大块的工作，尽量细分，分成若干小块，采取各个击破的策略。而重要的工作，尽量安排在上午完成，因为早上人的精力最为旺盛、自制力最强。

有可能的话，尽量增加预定的工作量，如果时间表太松，反而容易让人拖拖拉拉。适当偏紧的工作安排，才能激发人的专注力，从而提高工作效率。预先制订工作清单还有一个好处，就是可以减少犹豫和思考的时间。当人不知接下来该做什么的时候，是最浪费时间的时候。而预先制订工作清单，可以完美解决这一问题，大量减少犹豫的时间。

79 果酱法则
CLEAR THE DESK

将选项精练到五六个

超市里有果酱销售。

一开始，超市提供了 6 种果酱可供顾客试吃，结果得到很多顾客的好评。

另一天，超市一下子提供了 24 种果酱试吃，虽然招揽了更多的顾客，但会不会有更多人购买呢？

结果

超市提供 24 种试吃果酱的时候，试吃的顾客中只有 3% 最终购买了果酱。

而提供 6 种试吃果酱的时候，试吃的顾客中有 30% 最终购买了果酱。

（参考：哥伦比亚大学商学院　希纳·阿伊安格等人的实验）

也就是说，选项过多的话，容易给人造成选择困难。

桌面上的工作、参与的项目、应酬的场合，应该最多控制在五六个以内。再增加选项的话，就会令我们无所适从，难以做出正确的选择和决定。

学习障碍

THIS IS ALSO PRACTICE **80**

面临大战，也要告诉自己："这只不过是一场练习。"

研究人员以大学生为实验对象，对他们进行数学考试。

在第一次考试前

研究人员告诉大学生们："这是一次练习。"

在第二次考试前

研究人员告诉大学生："这次考试后，将以小组为单位，对成绩较高的小组予以现金奖励。"

结果

第一次考试的平均成绩要比第二次高 10% 左右。

另外，前后两次考试中，成绩下降最大的正是那些平时成绩最优秀的学生。

（参考：斯坦福大学　理查德·阿尔帕特的实验）

也就是说，当人承受压力时，头脑中的工作记忆功能就会受到不良影响。

当我们承受较大压力的时候，能力的发挥的确会受到不良影响。

为了让我们在真正的考验中发挥出平时练习的水准，就应该在平时练习时也给自己施加一定的压力，让平时练习也保持正式考验时的紧张感。通过这样的训练，我们就可以适应压力，在压力之下也能发挥出原有的水平。

81 创造性练习
CHANGE YOUR STYLE

在练习的过程中不断改变方法

研究人员大量派发了一种宣传单，征集钢琴初学者，承诺为他们提供免费的钢琴课程。研究人员将征集到的受验者分成两组。两组钢琴学习者学习的内容是完全一样的。

A 组学习者

老师用常规的教学法教他们弹琴，并让他们按照这些方法反复练习。

B 组学习者

老师不用常规方法教他们弹琴，也不会单纯地让他们反复练习。而是每隔几分钟就教他们改变演奏的方式，并告诉学习者，要不断学习新的演奏方式。而且，在练习中让学习者留意自己的"感受"。

一段时间之后，研究人员对两组学习者演奏的曲子进行了录音。

把录音给大学里学习音乐专业的研究生听，并请他们做评委，对这些曲子进行评价。

另外，研究人员还会询问学习者对这组钢琴课程的满意度。

结果

评委对 B 组学习者的演奏评价更高，说他们的演奏更具创造性。

另外，B 组学习者更喜欢这组钢琴课程，认为课程很有趣。

（参考：哈佛大学　社会心理学家艾伦·兰格的实验）

也就是说，在学习的初期阶段，如果学习者能认识到"也许还有其他学习方法"，将会提高学习过程的创造性。

如果学习者从一开始就觉得"练习是很枯燥的"，那么在练习过程中真的会感觉很枯燥。怎样才能让练习变得更有趣呢？怎样才能在练习的时候让自己更开心呢？学习者应该不断向自己提出这样的问题。在探索不同学习方法的过程中，学习会变得更有趣。

82 感情表现
I AM ALWAYS LUCKY

不管发生什么事，都要对自己说："太好啦！"

A 组受验者

研究人员让他们看大屏幕。屏幕上每隔几分钟就更换一个词语，这些词语都是消极性的词语，比如"危险""不可能""勉强"等。

B 组受验者

研究人员让他们看大屏幕。屏幕上每隔几分钟就更换一个词语，这些词语都是积极性的词语，比如"可行""能够""有价值"等。

随后，研究人员分别提取了两组受验者的唾液，测定他们体内皮质醇激素的含量。

结果

A 组受验者体内的皮质醇浓度提高了。

B 组受验者体内的皮质醇浓度降低了。

*当人感受到压力的时候，体内会分泌一种名为皮质醇的激素。皮质醇浓度过高的话，容易引起皮肤和细胞的老化，它也是肥胖症、抑郁症等疾病的重要元凶。

（参考：美国一家医院进行的实验）

也就是说，我们接触、使用的语言，会影响我们承受的压力。

人"经历的事情""感情"和"语言"不是相互孤立的，而是搭配产生的。因此，当我们面对一件事情的时候，如果能够改变感情的表现方式，就可以改变对这件事的感受和记忆。而正是我们头脑中积累的记忆，造就了现在的自己。

83 联想网络
LAUGH AND GROW FAT

从笑容开始

从笑容开始

研究人员让参加实验的学生嘴里咬着一支铅笔看漫画。

A 组学生

研究人员让学生横向叼着铅笔，通过这个动作，学生脸上的表情好像在微笑，同时看漫画。

B 组学生

研究人员让学生纵向叼着铅笔，通过这个动作，学生脸上的表情好像不开心，同时看漫画。

结果

与 B 组学生相比，A 组学生中有更多人觉得所看的漫画有趣。

（参考：社会心理学家弗里茨·舒特拉克等人的实验）

也就是说，即使装出"微笑"的表情，事情也会变得很有趣。
即使我们并没有什么高兴的事情，但故意做出微笑的表情，或者通过工作让脸部表情看上去像在微笑，我们的大脑也会产生"自己很开心"的错觉。那些平时不太爱笑的朋友，我建议您有的时候即使强迫自己，也要做出"微笑"的表情。从"微笑"开始，很多事情都会变得更轻松。

原型 **84**

LET'S THINK WELL

Chapter 6

印象很重要

研究人员以海上原油泄漏事故为由，开展了一项募捐实验，为了救助海洋鸟类而发起募捐。

A 组受验者

研究人员询问 A 组受验者："为了救助 2000 只海洋鸟类，你愿意捐款多少钱？"

B 组受验者

研究人员询问 B 组受验者："为了救助 20,000 只海洋鸟类，你愿意捐款多少钱？"

C 组受验者

研究人员询问 C 组受验者："为了救助 200,000 只海洋鸟类，你愿意捐款多少钱？"

结果

A 组受验者平均捐款 80 美元，B 组受验者平均捐款 78 美元，C 组受验者平均捐款 88 美元。

由此可见，救助海洋鸟类的数量与捐款金额基本上没有相关关系。

（参考：威廉·H. 德斯波基斯的研究）

也就是说，与事实相比，我们更重视"印象"。

听说要救助"2000 只海洋鸟类"，受验者头脑中产生的印象是"很多只鸟"。听说救助"20,000 只""200,000 只"海洋鸟类，他们头脑中的印象依然是"很多只鸟"。虽然数字不同，但受验者产生的印象是差不多的，所以他们的行为也没太大的差别。由此可见，很多情况下，我们判断的标准来源于"印象"。所以，在游说别人或谈判的时候，给对方制造一种什么样的印象，将是成败的关键。

CHAPTER 7

第 7 章

思考更周密

IDEA CONVERSION

85 反证询问法
PLEASE TELL ME THE PROBLEM

假设"有问题",再提问

研究人员假装去一家家用电器商场购买某种商品。这种商品在某些功能上存在一定的缺陷,那么,研究人员该怎样提问,售货员才会说出该商品的缺陷呢?

提问方式 1

研究人员扮演顾客问售货员:"能麻烦你介绍一下这个商品吗?"结果,只有 8% 的售货员主动说出了该商品存在的缺陷。

提问方式 2

研究人员扮演的顾客问售货员:"这个商品有没有什么缺陷?"结果,有 61% 的售货员说出了该商品存在的缺陷。

提问方式 3

研究人员扮演的顾客问售货员:"这个商品的缺陷是什么?"结果,有 89% 的售货员说出了该商品存在的缺陷。

（参考：沃顿商学院　朱莉·A.明松等人的实验）

也就是说,以"有问题"为前提向对方提问,更容易确认该事物存在的问题。

我们听别人进行说明或报告的意义何在？

我认为最大的意义在于发掘当前事物存在的问题。但这一点经常被我们忽略。

可是，像前面实验中出现的情况那样，售货员很少会主动向我们说明商品存在的缺陷。其实这种现象不仅限于向我们推销商品的售货员，就连我们的部下、客户，也不容易主动向我们透露当前事物存在的问题。

其实，大多数人并不是故意瞒而不报。

只是每个人对于问题、缺陷的看法不同，或者他们的关注点不在那些问题上，所以有的时候不容易想起那些问题的存在。

如果我们问他们："存在什么问题吗？"他们大多时候会回答："（可能）没有吧。"

但如果我们直截了当地问："存在的问题是什么？"对方可能就会在头脑中开始进行梳理，认真思考存在的问题。

这是一种引导式的提问方式，引导对方去思考问题的所在。

人在看待一项事物的时候，焦点放在哪里，将左右他对这一事物的整体印象。

如果我们引导对方把焦点放在"问题"上，那么他就能够找出存在的问题，并相对容易地向我们说明这些问题。

虽然发现"问题"，有损整个事物的形象，但如果不尽早发现问题，那问题最后肯定会发展成"麻烦"。所以，任何人都不应该去隐藏问题，用"问题＝事实"的观点来看待问题，实事求是地暴露问题、解决问题，就能推进事物顺利发展。

> **直截了当地询问问题、缺陷、缺点是什么。**

86 批判者的智慧
NEGATIVE IS INTELLECTUAL?

我们的提案，要加入一些否定成分

研究人员给受验者们阅读两种模式的文章，一种是赞扬模式，另一种是批判模式。

赞扬模式

　　池田贵将先生用前所未有的、具有划时代意义的经营理论和实践，向世人证明了他是一位了不起的天才经营者。"池田式经营艺术"具有十足的冲击力，堪称充满无限可能性的经营典范。池田先生把目光重点放在人、物、金钱这 3 个基本要素上，一切经营效果都超出了客户的预期。他为客户提供的服务，在任何一点上都具有超前的创新性、方便性和实效性。

批判模式

　　池田贵将先生用完全落后于时代的经营理论和实践，向世人证明了他是一位毫无才能的蹩脚经营者。所谓"池田式经营艺术"，完全平庸无奇，是可以当作反面教材的经营模式。池田先生把目光重点放在人、物、金钱这 3 个基本要素上，在一切方面都辜负了客户的期望。他为客户提供的服务，在任何一点上都毫无创新性、方便性和实效性可言。

（参考：哈佛大学商学院　心理学家特蕾莎·阿马比尔的实验）

认为写文章的人头脑聪明

认为写文章的人很了解经营

　　受验者中有 43% 的人认为"赞扬模式"的作者"头脑聪明"。

　　受验者中有 57% 的人认为"批判模式"的作者"头脑聪明"。

　　受验者中有 42% 的人认为"赞扬模式"的作者"很了解经营"。

　　受验者中有 58% 的人认为"批判模式"的作者"很了解经营"。

也就是说，不管内容如何，否定的表达方式似乎更具有说服力。

"这个东西不行！""那样做肯定不会成功！"有很多人会通过这种否定的表达方式来获得优越感或者维持自己在别人心目中的重要地位。不过，如果我们总是否定这个否定那个的话，就会逐渐拉开与别人之间的距离，好的机会也不容易落到我们的头上。

虽然过度否定有害，但从另一个角度我们可以看出，**否定的表达方式可以散发一种力量——"我所传达的内容可信度更高"**。因为否定的表达方式让人感觉更加理性，听者认为说者是经过深思熟虑之后才发表否定意见的。

当您想推进某个项目的时候，可以事先声明："我想策划 × × 方案，但我对客户的实际需求还不是很清楚。"当您在会议上展示自己做的 PPT 之前，可以先说一句："我在这个领域的经验尚浅，肯定有很多不足的地方，还请大家多多指正。"也许聪明的读者已经发现了，前面的说法都加入了一部分的自我否定成分，这种以退为进的方法，反而可以让事情顺利发展。为什么会这样呢？因为我们可以预见别人可能会对我们的想法提出否定意见，在他们提出否定意见之前，我们自己先部分地否定自己，就更容易让别人认同我们。这样一来，别人不但不会再否定我们，还会给我们提供协助，帮我们解决那些问题。比如，他们可能会说"关于客户的需求，可以在项目推进的过程中不断探索嘛""这方面你经验不足，可以请经验丰富的人来帮忙嘛，我就可以提供一些建议"等。

否定的力量是相当强大的，使用不当或使用过度的话，可能给自己带来灾难。但适度地使用否定，可以推进工作顺利发展，说不定还能发现新的突破点。

> **抢在别人否定我们之前，以退为进地进行自我否定。**

87 避免损失
YOU CAN NOT RELEASE IT

这个东西，你真的需要吗？

研究人员以大学生作为实验对象，首先在所有参加实验的大学生中随机选择一半的学生，赠送他们一个马克杯。
这个马克杯上印有该大学的标志。

研究人员对没有得到马克杯的大学生说：

"如果你也想要这样的马克杯，你愿意出多少钱来买？"
结果，受验者回答的平均价格为 2.87 美元。

研究人员对得到马克杯的大学生说：

"如果把你得到的这个马克杯卖掉，你觉得卖多少钱合适？"
结果，受验者回答的平均卖价为 7.12 美元。

（参考：行为经济学家丹尼尔·卡尼曼等人的实验）

也就是说，人拥有一件物品，即使只有短短几分钟的时间，也会对其产生依恋的心情，从而不愿意出让。

假设有一天晚上您去剧场看演出，在上半场演出结束的休息时间，您起身去了卫生间。可是当您回来的时候，发现原本自己坐的座位上已经坐上了别人。遇到这种情况您会产生什么样的感受？

我想任何人都会觉得不开心吧。即使心里只有一点点不舒服，也肯定有人会向那位"安坐"在自己座位上的不速之客提出："这个座位是我的！"可现实中，这个座位并不是您的，而是剧场的，您只是临时坐了一段时间而已。

尽管如此，**即使只是短时间拥有的东西，人也不愿意轻易让给别人**。这种感情也可以换一种说法，叫作"依恋"。拥有的时候和不曾拥有的时候，人对这个物品的依恋感情有什么不同呢？前面的实验就把这种"依恋"用金钱的形式体现了出来，还是很有意思的。

汽车、高级提包就不用说了，就连小小的马克杯，人一旦拥有，也会对人的感情带来很大的影响。

如果拥有了这个东西，那么，人也就变成了拥有这个东西的人；没有拥有这个东西，那这个人就是没有这个东西的人。从更高的角度说，这已经对人的自我认识产生了改变。

所以，我提醒大家注意一点，轻易得到的东西，也可以轻易改变我们对自己的自我认识。**虽然得到它非常容易，但以后要放弃它可就没有那么容易了**。我们常说的"由俭入奢易，由奢入俭难"就是这个道理。如果不加思考，将任何可以轻易得到的东西都收入囊中，那么最终人也许会因为拥有得太多，不愿舍弃任何一样东西，而变得寸步难行。所以，"这个东西，我真的需要吗？"是需要认真思考的问题，不要因为得到它很容易，就伸手去拿。

自己不需要的东西，即使它再好，也不要轻易伸手。

88 魔力思考
EVERYONE BELIEVES IN MAGICAL POWER

向神祈祷

研究人员说要研究投篮命中率与祈祷之间的关系，招募一批受验者协助参加实验。

A 组受验者

（事先进行了蒙眼投篮训练，以提高蒙眼投篮的命中率）
研究人员让他们蒙上眼睛进行投篮。

B 组受验者

（研究人员教他们具体的祈祷方法）
当 A 组受验者投篮时，让 B 组受验者为他们祈祷，希望他们命中。

C 组受验者

当 B 组受验者为 A 组受验者投篮进行祈祷时，让 C 组受验者观察祈祷和命中率之间的关系。

结果

A 组受验者中很多人说："有人为自己祈祷，投篮命中率果然提高了。"

B 组受验者中很多人说："我祈祷得越虔诚，A 组受验者投篮命中率越高。"

B 组和 C 组受验者中很多人都说："祈祷确实会对投篮命中率有影响。"

（参考：艾米丽·普罗宁的实验）

　　也就是说，即使是已经具备理性思考能力的成年人，当他们确信一件事的时候，也会有意识地去寻找支撑它成立的依据。

　　"能成功"，头脑中没有根据。"不能成功"，头脑中有根据。所以，"不能成功"。面对尚未开始做的一个新任务时，很多人都容易陷入前面的那种心理状态。但实际上，"不能成功"的这种先入为主的观念，只是过去的人生经历给我们形成的一种惯性思维。这种惯性思维对于开展新的工作、拓展新的领域，是一种强大的障碍。

　　为了"改变自己"，"祈祷"这种神秘的行为却能收到意外的效果。

　　您应该随时坚信自己"应该能成功""成功是理所应当的""不成功才奇怪"。人是一种非常有趣的生物，当人确信自己能成功的时候，"成功"这个词就会不断在头脑中反复出现，逐渐地"成功"就变成了一种根据，变成了一种思维习惯。怀着"必定成功"的信念去做一件事情，也许一开始依然不那么顺利，甚至连续遭遇失败，但人会不断地努力、去挑战，直到按照自己的预期取得成功为止。**所谓"永不放弃"的顽强精神，就是把"一定能成功"这句话像咒语一样在头脑中反复吟诵的行为。**

　　对所谓"超自然的能力"持否定态度的人，之前一页的实验开始前，肯定会说："投篮成功率怎么会受祈祷的影响？"可是实验结果却证明，祈祷确实是有用的。人总是相信些什么的，即使没有宗教信仰的人，也会在心中相信一些事情，祈祷的力量、神的力量、超自然的力量等。而且，人还会很轻易地受到它们的影响。

　　相信自己一定能成功，为成功祈祷吧！

89 简单化
TRAP BY CATEGORIZATION

对自己固有的印象要持怀疑态度

研究人员让受验者对自己所住街区的气温进行预测。

A 模式

让受验者预测 6 月 1 日和 6 月 30 日的气温差。

B 模式

让受验者预测 6 月 15 日和 7 月 15 日的气温差。

结果

因为 B 模式的两天不在同一个月内，所以 B 模式的气温差要远大于 A 模式的气温差。

6 月 1 日 - 6 月 30 日

6 月 15 日 - 7 月 15 日

气温差

（参考：布朗大学　心理学家乔基姆·库鲁格等人的实验）

也就是说，当人按照类别进行思考时，所得到的结果就容易出现偏差。

人有一种奇特的习性——分门别类地思考事物。比如，我们会把人分为"理科人"和"文科人"，并根据这种简单的分类来给人的特征定性，似乎他的所有行为都带有"理科"或"文科"的特性。另外，对于律师、医生、大公司职员等职业比较"高级"的人，我们倾向于认为他们属于"头脑聪明"的一类人。即使他们在发呆，我们也会一厢情愿地认为"人家可能是在思考很深刻的问题"。

"归类"也并不完全是一件坏事。我们的头脑每天要做成千上万次判断、决定，如果没有之前的"归类"，就要处理无数的信息，结果也许会导致用脑过度。而有了"归类"之后，很多以前遇到过的信息就不需要再进行重复处理，可以大幅减少我们大脑的负担。

但是，如果对什么事情都"归类"的话，"反正就是那样"便会成为我们的口头禅。而这个口头禅，是让机会与我们擦肩而过的语言。**机会，常会隐藏在我们平时容易忽视的"也许""可能"中**。"反正就是那样"反映了一种以常识掩盖可能性的思维方式，所以不容易发现机会。

为了减少"归类"的思维方式，养成3种习惯非常重要。第一个习惯是读书，通过广泛阅读，接触各种人物和历史，把别人的经历重叠到自己身上进行思考，就可以获得不一样的视角。第二个习惯是和不同时代的人聊天，这样有机会接触到各种各样的世界观、价值观，让我们变得更加宽容，理解能力也更广。最后一个习惯是旅行，到遥远的地方去看一看，可以改变对人、事、物的看法。

多关注"也许""可能"的事情。

90 内克尔立方体
VIEW FROM VARIOUS ANGLES
从不同角度进行评价

内克尔立方体是视觉错误的著名图形。盯着右图中的立方体看一会儿，您会发现小黄球可以在立方体内，也可以在立方体外。"人的评价"也存在类似的"错觉"。

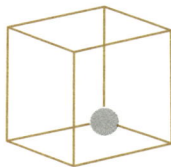

A 组受验者

研究人员告诉他们："请你们吃（不太健康的）冰激凌。"

B 组受验者

研究人员告诉他们："请你们吃（健康的）生甘蓝。"
然后请两组受验者判断冰激凌、生甘蓝和午餐肉（不好吃而且不健康）的相似性。

结果

A 组受验者

他们回答生甘蓝和午餐肉更相似。
理由是"都不好吃"。（根据味道进行判断。）

B 组受验者

他们回答午餐肉和冰激凌更相似。
理由是"都对健康不利"。（根据健康进行判断。）

（参考：日内瓦大学　晶体学家路易斯·阿尔伯特·内克尔的实验）

也就是说，一旦某个事物和自己的经验比较接近，人就容易对其怀有肯定的态度。

为了"充分利用自己已有的经验"，我们的大脑特别善于把事物解释得更加符合自己已有的经验（而且和自己对事物的喜爱感情无关）。

而且，一旦人找到了自己已有经验和当前事物的"契合点"，就会瞬间丧失中立、客观的立场，只会用片面的视角来看待事物。

举个例子，假设朋友送了您一张某电影首映式的电影票，或者幸运地中奖获得了一张电影票，您就可以免费观看这部新电影。如果这部电影拍得一般，那时候您对这部电影的评价肯定会偏低。反过来，如果您是自己花钱买的电影票，而且添了钱升级为包厢，那么看了同样一部电影之后，您的评价肯定会稍高一些。因为自己花钱买票之后，您在看电影的过程中会尽量去找出电影中对得起票价的闪光点。

由此可见，人们对人、事、物的评价，多半都是主观的、经验性的和不靠谱的。

所以，当我们在评价人、事、物的时候，除了自己的评价之外，还要反过来想一下："如果从相反的角度看，又会怎样呢？"说不定这种不同角度的思考，会给我们带来意外的收获。

> 在进行评价的时候，要认真审视一下自己是否"被经验左右"。

91 压力的传导
LET'S STOP ORDERS. LET'S HOPE

把命令变成期望

研究人员让参加实验的大学生扮演老师的角色，教学生解题方法。学生由研究人员事先安排好的"托儿"扮演。

A 组受验者

研究人员告诉他们："你一定要认真教学生解题方法。你教的学生必须在考试中取得好成绩。"

B 组受验者

研究人员告诉他们："你的动作是引导学生对解题产生兴趣。我们对学生在考试中的成绩没有要求。"

结果

A组受验者在对学生的授课中说的话更多，而且多为"你必须……"之类限定性的语言，以及"你要……"之类的命令性的语言。

（参考：心理学家爱德华·L.德西的实验）

也就是说，感觉到"被别人要求做事"的人，也容易"要求别人做事"。

很多人在与人交往中，说话都比较小心谨慎，而且也能充分考虑对方的感受。但尽管如此，还是有很多人在说话时经常使用"你必须……""你要……"等含有命令性口吻的句子。不仅在职场上，在家庭中、学校里，我们也常能听见"你必须……""你要……"这样的语言。

当人产生"被别人要求做事"的感觉后，这种感觉会发生连锁反应，不断向下传导。比如在一家公司里，部长让科长感觉"被要求做事"，科长就会要求部下做事，而部下又会要求他的部下做事。结果，整个公司中都充满了"被别人要求做事"的感觉。与此同时，大部分人都失去了"我想做事"的意愿。

我们都知道，一个组织中，大部分人具有主动工作的积极性，整个组织才能充满活力。那怎样才能让大家都想主动工作呢？**这就需要大家学会换位思考，给别人创造一种宽松的氛围，让别人有机会去思考"我该怎么做"**。当上司给部下安排任务的时候，与其说"你必须在 × 月 × 日前提交文件"，不如说"在 × 月 × 日前我们需要一份文件，你有没有时间把它写好"，或者说"很多人都觉得你写这份文件最合适，怎么样？要不要挑战一下"。这样，就把决定权交给对方，如果对方自己选择了要做，他就必然会有工作积极性和责任感。越是地位高、工作能力强的人，越容易帮别人做决定，但等待别人自己做出判断是非常重要的。如果大家都能自己思考、自己判断、自己决定的话，那么所有人的积极性都会空前高涨，工作中就不存在压力，而只有动力。

> 有工作任务要布置给别人的时候，要给对方充分的选择权。

92 记忆的替换
MEMORY IS LAZY

人容易把眼前状况修正为"理想状态"

研究人员给受验者展示一张"合成照片"，照片中是一名游客在迪士尼乐园里和著名动画人物"兔八哥"握手的合影。（兔八哥为华纳兄弟动画人物，非迪士尼动画人物，所以说是合成的。——编者注）

结果，有 40% 的受验者看到照片之后，说自己回忆起"自己也曾在迪士尼乐园遇见过兔八哥"。

但实际上他们并没有这样的经历。

（参考：加利福尼亚大学　认知科学家伊丽莎白·洛夫特斯的实验）

也就是说，对于眼前发生的事情，人们常会根据自己的臆想来替换记忆。

人会把自己所有的经历都作为记忆保存起来。即使忘记了，记忆也会潜藏在意识的深处。

但是，记忆这种东西并不一定总是正确的。人总会根据眼前或某一时间点的状况，结合自己的理解，对记忆加以改编。

举个例子，假设有一位上司，某次他给部下安排一项工作任务，可是部下表现非常冷淡，对他爱搭不理的。于是，上司觉得这个部下讨厌自己，并把这种感情作为记忆保存了起来。但实际上，部下当时因为在其他工作中遇到了大麻烦，他的头脑已经被这件烦心事占满，所以他才会对上司的指示表现得漫不经心。他并不讨厌这位上司，也不是故意要冷遇上司的。

记忆，是一种很暧昧的东西，经常受到我们主观的"改编"。从另一个角度说，我们也可以主动干预记忆。比如，对于我们不喜欢的事物，没有必要把它当作一种负面记忆留在头脑中，可以加以改编，使其变成我们喜欢的事物，至少是不讨厌的事物。

我们常认为现在的自己就是由过去的经历造就的，但也应该告诉自己，未来的成长和过去的记忆没有关系。我们要把更多的精力用于思考以后该如何改变自己。如果在改变的过程中遇到了记忆中的"障碍"加以阻挠，我们可以把这种"障碍"看作一种"固定思维"，应该加以怀疑，并向其发起挑战，就很有可能清除记忆中的这些"障碍"。

未来的自己会是什么样的人？会以什么样的状态工作？经常反复询问自己这些问题，就可以在头脑中逐渐形成"未来的记忆"。随着"未来记忆"的增多和增强，现实中的自己也会按照预期发展。

在建立自信之前，至少要装出自信的样子。

Chapter 7

93 客观地看待问题
THINK ABOUT IT AS SOMEONE ELSE

从问题当中跳出来

A 组受验者

研究人员问了他们一个问题："一个囚犯想从监狱的高塔中逃脱，他发现了一根绳子。但是绳子的长度只有塔高度的一半，他该怎么办呢？"

B 组受验者

研究人员问了他们一个问题："假设你是一个囚犯，你想从监狱的高塔中逃脱，你发现了一根绳子。但是绳子的长度只有塔高度的一半，你该怎么办呢？"

结果

A 组受验者中有 34% 的人，B 组受验者中有 52% 的人无法马上给出答案。

（参考：艾邦·珀尔曼和卡伊尔·J. 艾米克的实验）

也就是说，看别人的问题比自己面对问题，更容易找到答案。

工作、生活中遇到了问题，怎么办？我们的头脑开始高速运转，想各种解决方法。姑且先从力所能及的地方开始解决吧。但是行动起

来才发现，问题不但没有解决，还引发了别的问题。我们心中的焦虑也只见增加不见减少。问题解决不了，只有时间无情地流逝着。陷入这种"问题泥沼"的时候，我们该怎么办呢？

如果是我的话，我会这么想。如果我意识到"自己陷入了'问题泥沼'"，那说明我是幸运的。因为我还能保持一定程度的清醒。然后我会问自己：**"如果遇到这种情况的人不是我，而是别人，他来找我商量解决问题的方法，我该如何给他建议呢？"** 也就是说，当我们的头脑中反复出现"糟糕！怎么办？"的报警信号时，我们看待问题的视角就会被固定在"糟糕"上，无法自拔。但如果能把自己当前的情况看作别人身上发生的事情，我们就会变得相对冷静，通过帮别人"审视问题"，大多数时候我们会发现情况其实并没有那么糟糕。解决问题的方法也更容易找到。即使当下还找不到答案，也只需多做调查研究，或者向有经验的人请教，根本没有必要纠结在当前问题上裹足不前。至少我们能够意识到，"现在找不到答案，再怎么烦恼也没有用"。

不过有的时候对有的问题，我们是无论如何也无法做到"冷眼旁观"的。遇到这种情况的时候，我们也不用太过烦恼，可以向朋友倾诉一下，也可以把烦恼用电脑键盘敲击成文字发布在网络上。以我个人的经验，当我把心中的烦恼用语言或文字的形式表达出来后，往往很快就能找到解决方法。

> **把自己的问题看作别人的问题，站在别人的角度给自己提建议。**

*前面实验中问题的答案：把绳子纵向切成两条，然后连接起来就行了。

94 变化容易被忽视
IF YOU BELIEVE, YOU CAN SEE IT

扩展自己的视野

研究人员安排"托儿"穿上蓝色的工作服扮演建筑工人，然后在大街上，这位"建筑工人"向路人问路。

在路人向"建筑工人"进行说明的时候，又有两名工人抬着一张木板从两人之间穿过，遮蔽了路人的视线。在这段时间里，穿蓝色工作服的"建筑工人"换成了另外一位穿黑色工作服的"建筑工人"。

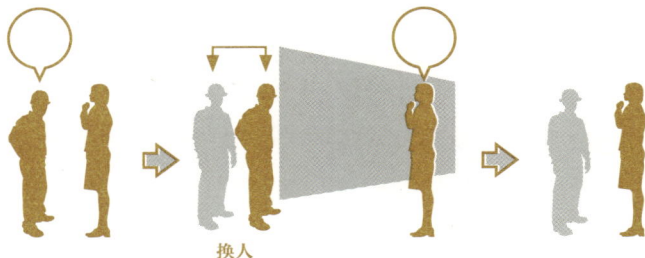

换人

结果

研究人员对若干名路人进行了这项实验，结果几乎所有路人都没有注意到换人了。

（参考：丹·萨蒙斯和丹·列宾的实验）

也就是说，只要没有特别关注，眼前发生的变化很容易被我们忽视。

"没有呢？不见了？哪儿去了？"我们在找东西的时候，经常嘴里还这样不停地念叨着，可是结果往往还是找不到。

只要我们的意识中认为"没有"，就很难找到想要的东西。

反过来，如果心中坚信"应该有"，结果往往能够找到。所以，当您意识到"不可能""很勉强"的时候，一定要反问自己："真是这样吗？难道没有一丝可能吗？"

有句俗话叫作"危机也是机会"。但实际上，不管是不是危机，机会一直都有。

但是，如果只把目光聚焦在当前的危机上，即使机会出现在眼前，我们也容易将其忽视。

没有意识到的话，即使机会就在眼前，我们也会看不见、听不到，就像跟自己无关似的。就连经验丰富的老手，也会犯类似的错误。开会的时候，如果上司总是瞻前顾后，担心这个提案不行、那个提案不可能，那么他就会和很多好创意擦肩而过。

为了成为一个善于抓住机会的人，我们应该养成一种思维模式。训练的方法其实也很简单，对于自己无法解决的问题、实现不了的目标，多扪心自问："我该怎么办才好呢？"有了这样的疑问在心中，那么在一天之中我们遇到的人、和别人的谈话、看的电影、听的音乐，甚至在大街上看见的招牌，都可能为我们解决问题提供启示。

> 遇到艰巨的任务时，先告诉自己："我没准能完成。"

95 伪阳性和伪阴性
EVALUATION IS SELFISH

听听第三者的评价

研究人员请马戏团的成员评价自己的马戏团。让他们预测观众对他们表演的喜爱程度。

结果

马戏团成员对自己的马戏团实力的评价比客观水平高两成。

马戏团经理对自己的马戏团实力的评价比客观水平低两成。

马戏团成员对其他马戏团实力的评价非常接近客观水平。

（参考：斯坦福大学　贾斯汀·巴格的实验）

也就是说，当事者的评价过于乐观（伪阳性……盲目乐观），管理者的评价过于严苛（伪阴性……过于悲观），第三者的评价最接近客观水平（可信度高）。

当我们开始一项新工作或新挑战的时候，会得到什么样的结果呢？自己要做出准确的预测是非常困难的。

我们自己的预测、询问团队伙伴的预测以及请教上司的预测，最后和实际的结果相对比，往往都会存在较大的出入。

为什么会这样呢？因为我们自己和团队伙伴会过于乐观，而管理者往往比较谨慎、悲观。

所以，**要想相对准确地预测一项新工作的结果，应该尽量去咨询知情的"第三者"**。他们的意见比较可靠。

咨询对象可以是相同行业其他公司里的朋友、同一公司其他部门的同事等。

这些人和我们的工作没有直接的利害关系，他们既不会过于乐观，也不会太过悲观。所以他们的预测会比较客观、准确。

> **向没有利害关系的旁观者咨询意见。**

将目的用语言表达出来，重新审视这个世界

　　在我看来，创意，就像眼镜，每个人都有不同颜色的眼镜，所以大家看到的世界也各有不同。要想出好的创意，不一定非要去想别人想不到的东西。其实，只要改变自己对身边事物的看法，就可以得到好的创意，就好比换了一副眼镜看世界一样。

　　可是，有的时候我们会感觉脑子转不动，想不到好主意，行动也因此停步不前。遇到这样的情况，该怎么办呢？

　　当创意"难产"的时候，我们有必要重新审视一下自己当初的"目的"，以及自己对待这个目的的方法。

　　不管是坐在办公桌前，还是行走在大街上，时时刻刻都会有各种信息进入我们的眼睛或耳朵。本来，所有这些信息都可能成为我们新创意的"种子"，可是我们往往事先给自己的头脑中安装了一个"过滤网"，只接收一部分信息。我们只会接收那些"和自己的目的有关的信息"。即使有的时候会想："有没有什么新的信息呢？"实际也很难接收与自己目的无关的信息。结果，思绪一直围绕着目的打转，很难想出新的创意来。要想获得新的创意，我们先要重新审视自己的目的，用语言把这个目的表达出来。重要的是告诫自己不要被目的左右，不要陷入目的不能自拔。要跳出来站在客观的角度看待这个目的，这样便拥有了重新审视世界的视角，也能够接收来自各个方面的信息。

　　暂且把过去的想法放在一边，重新去思考，也是一个办法，相当于推倒重来。如果我们想把身边的所有事物都"看见"，把所有声音

都"听见"，把所有信息都"接收"，那我们的大脑就会消极怠工，不愿完成这个任务。但如果我们能采用"先从眼前的事物开始"，一个一个地看、听、接收，没准能找到意外的突破口。

另外，还有很多人容易把"想出好的创意"当作终点。他们总觉得，只要得到了不起的创意，就可以将其转换成巨大的成果。

但实际上，重要的并不是创意本身，而是形成创意的过程。

形成创意的过程，其实是停滞、试错、倒退、重做的不断重复。

而且，现实中还会不断出现新的制约，这就要求我们不断想出新的创意才行。

把新的想法付诸实践之后，才会发现一些以前没有注意到的状况，我们就不得不继续创新或妥协。

另外，当创意刚出现在头脑中的时候，也许会给我们带来无限的兴奋，但随着实践，它也会渐渐失去魅力。

也有的时候，我们会突然灵感闪现，想到了比原有创意更好的点子，这个时候，就不得不对整体计划加以修正。

由此可见，在形成创意并付诸实践的过程中，是非常烦琐复杂的，还会产生很多浪费，走很多弯路。但这些都是必需的，只有这样，才能最终做出了不起的成就来！

96 请求与理由
MEANINGLESS REASON

附加的理由，要引起怀疑

研究人员以图书馆里使用自助咖啡机的读者为对象展开了一项实验。研究人员用不同的说话方式向这些读者提出了一项请求。

A："不好意思，能不能让我先接 5 杯咖啡？"

B："不好意思，能不能让我先接 5 杯咖啡？我有急事。"

结果

A：有 60% 的受验者接受了请求。

B：有 94% 的受验者接受了请求。

接着，研究人员又换了一种请求方式。

C："不好意思，能不能让我先接 5 杯咖啡？我必须接到咖啡。"

结果

有 93% 的受验者接受了请求。

（参考：哈佛大学　社会心理学家艾伦·兰格的实验）

也就是说，对于别人带有附加理由的请求，我们不容易怀疑。

有事求人的时候，如果带上一些附加理由，就会给人一种很急迫的感觉，对方就不容易拒绝。但当别人对我们以这种方式提出请求的时候，我们一定要注意，最好不要马上答应，而应该仔细考虑一下："他的理由是真实的吗？"

先见性的智慧 **97**
IMAGINE A PARALLEL WORLD

想象一个平行世界

研究人员以公司中的老员工为对象进行了一项实验。让他们对公司新进的员工进行评价。

研究人员问 A 组老员工

"如果这位新员工在半年之后辞职了，你认为会是什么理由呢？"
↓
老员工平均列举了 3.5 个理由。

研究人员问 B 组老员工

"这位新员工半年后要辞职。你认为会是什么理由呢？"
↓
老员工平均列举了 4.4 个理由。

（参考：爱德华·卢梭和波尔·舒梅克的实验）

也就是说，以"假设的事情"为前提思考，不如以"确定的事情"为前提思考，更能激发人的想象。

要想提高想象力，有一个方法，就是以"确定的事情"为前提进行思考。当人确认那件事情肯定会发生时，就会设身处地想象在那时的环境中，人的表情、对话、反应等各种情况，就像真的一样。

98 权威人士的指示
RESIST THE POWER

没有"自己认可的理由"的事情，应该抵制

研究人员在一所大学里进行了如下一项实验。

"托儿"扮演学生角色，受验者扮演教师角色。

＊虽然学生角色和教师角色表面上说是通过抽签决定，但研究人员事先做了手脚，保证"托儿"都抽到学生角色的签。

研究人员对教师和学生做出如下指示：

- 受验者扮演的教师朗读一连串词语，让学生记忆这些词语。
- 教师说出形容词的时候，学生要说出相应的名词。
- 如果学生回答错误，教师就要按下电击按钮，对学生进行电击惩罚。
- 最初的电击惩罚电压为 45 伏，但随后学生每答错一次，电击电压就会增加 15 伏。
- 事先让教师体验一下 45 伏电击的感受，以便了解学生承受的痛苦。

不同电压的电击按钮旁分别写着下列语言：

75 伏：稍微有点疼；

135 伏：很疼；

375 伏：危险 / 非常强烈的疼痛；

435 伏：×××（画着一个恐怖的记号）。

实际上，教师和学生分别处在不同的房间中，学生身上并没有连接电极。

只是在教师所在的房间中，根据电击电压的强度，扩音器播放出相应的痛苦呻吟声，这个声音也是事先录好的。

录音的文字如下所示：

150 伏："请让我出去！我的心脏很不舒服！求你们了！"

180 伏："我已经忍受不了了！请终止实验！"

300 伏："我拒绝再回答问题！请放我出去！我不干啦！"

345 伏："……（没有任何反应了）"

如果扮演教师角色的受验者拒绝继续实验，就会有一个穿着白大褂、貌似很有权威的男性博士来对他做出指示。

受验者第一次拒绝→穿白大褂的男子说："请继续实验。"

受验者第二次拒绝→穿白大褂的男子说："这个实验不继续不行。"

受验者第三次拒绝→穿白大褂的男子说："你绝对有必要将实验继续进行下去。"

受验者第四次拒绝→穿白大褂的男子说："不要犹豫，继续实验下去。"

受验者第五次拒绝→实验终止。

结果

在电击电压达到 300 伏之前，没有一名受验者"终止实验"。40 名受验者中共有 25 人按下了最大电压 450 伏的按钮。

（参考：耶鲁大学　心理学家斯坦利·米尔格拉姆的服从实验）

也就是说，不管一个人的本质是善是恶，环境和权威的力量会对人性造成相当大的影响。甚至说，越是善良的人，越容易毫无抵抗地屈从权威，做坏事。

这个实验，出发点是想验证"第二次世界大战"中那些把数百万犹太人送入集中营的责任者到底是不是异常的人。实验结果证明，在一定的封闭状态下，任何人都可能做出不人道的行为。

99 观察与人性
THE PERSON'S DETAILS

细节描写的重要性

这是一个模拟法庭的实验。

受验者担任陪审员的角色，研究人员让他们阅读一份虚构的审判材料。

要裁决的关键点是：约翰逊夫人是否是一个合格的母亲，该不该把 7 岁儿子的抚养权交给她。

材料是经过精心设计的，对约翰逊夫人有利和不利的信息比较平衡。

A 组受验者阅读的材料

有利的信息，有很多细节描写。
不利的信息，没有细节描写。

B 组受验者阅读的材料

有利的信息，没有细节描写。
不利的信息，有很多细节描写。

有利信息的例子：

"约翰逊夫人会在睡前要求孩子洗脸、刷牙。"（没有细节描写。）

"约翰逊夫人会在睡前要求孩子洗脸、刷牙。她给孩子买的牙刷上印有孩子喜欢的星球大战中的人物。"（有细节描写。）

不利信息的例子：

"一天，孩子上学后，老师发现孩子手腕上有一道很深的擦伤。约翰逊夫人没有对伤口进行任何处理，所以校医对孩子的伤口进行了消毒。"（没有细节描写。）

"一天，孩子上学后，老师发现孩子手腕上有一道很深的擦伤。约翰逊夫人没有对伤口进行任何处理，所以校医对孩子的伤口进行了消毒。校医在使用碘伏给孩子伤口消毒的时候，碘伏溅在了他的白大褂上。"（有细节描写。）

结果

受验者对约翰逊夫人是不是合格的母亲做出了评判，10分为满分，A 组受验者给出了 5.8 分，B 组受验者给出了 4.3 分。

（参考：密歇根大学　乔纳森·谢德拉和梅尔宾·马尼斯的实验）

也就是说，对人的行为进行鲜明、细腻的描写，可以使这些行为给人留下深刻的印象。

对人的行为描写得越细致，越能使其散发人情味，也容易让人对其产生信任感。

如果把自己的愿望用语言表达出来，并且尽量细致的话，则实现的可能性会更高。

100 转换视角

WHAT IS A GOOD POINT？

关注好的方面

研究人员选择了 10 对关系恶劣的夫妇作为实验对象。告诉他们："请记录对方让你开心的地方，记录一个月。"

结果

10 对中有 7 对夫妇的关系得到了改善。

（参考：马克·凯恩·戈尔德斯泰因的实验）

也就是说，如果我改变看待对方的角度，就可以改变对这个人的认识。

两个人"关系不好"，可以说是因为双方都把目光放在了对方的缺点上。总是在不停地寻找对方身上的毛病，当然会讨厌这个人。但是，如果我们能把目光放在对方的优点上，即使对方不做任何改变，也能改变我们对那个人的感情。

Epilogue

尾 声

　　我这个人特别奇怪，有些工作，不用急着做，我会马上做完，但有些应该马上做的工作，我却迟迟不愿动手。

　　有的时候，早上的我干劲满满，上班之前就给自己制订了一个"to do 清单"，但随后的十多个小时里，却无所事事地虚度了。早上制订的计划，一点也没有执行。

　　很久以前，"不工作就活不下去"，人是在一种恐惧心理的驱使下工作的。

　　前几十年，"努力工作会让生活变得更富裕"，人是靠着一股"上升气流"工作的。

　　可是，现在又怎么样呢？

　　现在没有恐惧心理的驱使，也没有美好的目标召唤，自己又是为了什么在工作呢？

　　不想工作，却要勉强自己工作，其中的意义何在呢？

　　于是，我对人工作的"动机"产生了兴趣，并努力学习了关于动机的学问，还在我自己身上进行了反复实验。

　　经过不断努力，我发现了一些有用的道理。"动机"这个词，表面看起来，容易让人感觉只要获得报酬或受到表扬，就可以一次性激发出来。

　　但是，我认为没这么简单。动机，是一个关于"选择"的问题。

　　"这个工作最好做。但如果不做呢？"我会在头脑中反复思考这样的问题。如何才能让自己每次都给出"要做"的答案呢？

　　我觉得没有哪一个法则可以让人一次性解决人们有关动机的问题。所以，我学习了各种各样激发动机的法则。

　　减少"不做"的选项；让"不做"和损失结合起来；让"做"和快感联系起来；不用别人给自己安排工作，自己做决定；让身体经常摆出一副"要做"的姿态……

　　通过学习，各种各样激发干劲的法则都进入了我的头脑，把这些原则来个总动员，我就能在大多数情况下选择"做"了。

　　现如今，我基本上是一个充满干劲的人。

　　因为以前的我是一个比正常人还要懒惰一倍的人，所以我对"不得不做"非常敏感，把它当作一种压力。于是我常思考："怎么把压力转化成动力呢？"

　　在把压力变成"我想做"的动力之前，我用了各种各样的手段，结果终于使自己的懒惰达到了一般人的水平。

　　也正因为曾经的我非常懒惰，所以非常能够理解大家那种"怕麻烦"的心理。

　　大家都认为：虽然我也知道做了更好，但就是不想去做。但为了前进，不得不做。

　　我想，每天要在头脑中反复进行这种斗争的人，绝对不止我一个，全世界 70 亿人，都差不多。

　　走在大街上，我会想，街上那么多人肯定不都是在闲逛，他们的心中都有自己的"动机"。

　　为了让家人生活得更幸福？

　　为了在事业上取得更大的成就？

　　为了获得心上人的青睐？

　　为了有更多时间从事自己的兴趣爱好？

　　为了和好朋友共度美好时光？

　　每当我在头脑中想象别人的生活动机时，就会感到无比幸福。

　　通过这本书，如果能帮助您激发出努力生活、工作的热情，我将感到无比欣慰。

池田贵将

Daily Schedule

DATE/TIME	CHECK LIST
AM	☐
7	☐
8	☐
9	☐
10	☐
11	☐
12	☐
	☐
	☐
PM	

MEMO

PM

1

2

3

4

5

6

7

8

9

Daily Schedule

DATE/TIME	CHECK LIST

AM

7

8

9

10

11

12

☐
☐
☐
☐
☐
☐
☐
☐
☐

PM

1

2

3

4

5

6

7

8

9

MEMO

Daily Schedule

DATE/TIME	CHECK LIST

AM

7

8

9

10

11

12

☐
☐
☐
☐
☐
☐
☐
☐
☐

PM

1

2

3

4

5

6

7

8

9

MEMO

Daily Schedule

DATE/TIME	CHECK LIST
AM	☐
7	☐
8	☐
9	☐
10	☐
11	☐
12	☐
	☐
PM	☐

MEMO

| 1 |
| 2 |
| 3 |
| 4 |
| 5 |
| 6 |
| 7 |
| 8 |
| 9 |

Daily Schedule

DATE/TIME	CHECK LIST

AM

7

8

9

10

11

12

PM

☐
☐
☐
☐
☐
☐
☐
☐
☐

MEMO

1

2

3

4

5

6

7

8

9

Daily Schedule

DATE/TIME	CHECK LIST

AM

7

8

9

10

11

12

PM

☐

☐

☐

☐

☐

☐

☐

☐

☐

MEMO

1

2

3

4

5

6

7

8

9

Daily Schedule

DATE/TIME	CHECK LIST

AM

7

8

9

10

11

12

☐
☐
☐
☐
☐
☐
☐
☐

PM

MEMO

1

2

3

4

5

6

7

8

9

Daily Schedule

DATE/TIME	CHECK LIST

AM

7

8

9

10

11

12

☐
☐
☐
☐
☐
☐
☐
☐
☐

PM

MEMO

1

2

3

4

5

6

7

8

9

Daily Schedule

DATE/TIME	CHECK LIST

AM

7

8

9

10

11

12

PM

1

2

3

4

5

6

7

8

9

☐
☐
☐
☐
☐
☐
☐
☐
☐

MEMO

Daily Schedule

DATE/TIME	CHECK LIST

AM

7

8

9

10

11

12

PM

1

2

3

4

5

6

7

8

9

☐
☐
☐
☐
☐
☐
☐
☐
☐

MEMO

Daily Schedule

DATE/TIME	CHECK LIST

AM

7

8

9

10

11

12

PM

1

2

3

4

5

6

7

8

9

☐
☐
☐
☐
☐
☐
☐
☐
☐

MEMO